高职高专通信技术专业 "十三五"规划教材

三网融合末端安装与维护实务

主 编 张 炯

参 编 李 宁 左利钦 易海峰

主 审 张喜云

西安电子科技大学出版社

内 容 简 介

本书系统、全面地介绍了三网融合末端安装与维护技术岗位所必须具备的理论和实践操作,按照工学结合课程教学的要求编写,共有 5 个项目,包含 20 个任务(项目四本身也是一个任务)。项目一介绍了网络构架,包含电缆网络认识和光缆网络认识;项目二介绍了业务放装,包含 ADSL、FTTB + LAN、FTTH 的放装以及放装过程中的网络布线规范、服务规范和安全规范;项目三是仪器仪表的使用及管理,介绍了三网融合末端安装与维护过程中常用的仪器仪表;项目四对整体网络日常维护进行了简单介绍;项目五是案例分析与故障处理,分别对光路故障、局端设备故障、用户端设备故障和 IPTV 故障进行了介绍。

本书结构清晰,实用性强,通俗易懂,对具体工作具有很高的指导意义,既可作为高等职业技术学院通信技术专业的教材,也可作为通信运营商生产岗位三网融合安装与维护一线人员的技能培训教材,还可作为工程技术人员和管理人员的技术参考资料。

图书在版编目(CIP)数据

三网融合末端安装与维护实务 / 张炯主编. — 西安:西安电子科技大学出版社,2017.7
高职高专通信技术专业"十三五"规划教材
ISBN 978-7-5606-4543-8

Ⅰ.① 三… Ⅱ.① 张… Ⅲ.① 互联网络—末端—安装 ② 互联网络—末端—维修

Ⅳ.① TP393.04

中国版本图书馆 CIP 数据核字(2017)第 155631 号

策划编辑　马乐惠
责任编辑　孙美菊　马乐惠
出版发行　西安电子科技大学出版社(西安市太白南路 2 号)
电　　话　(029)88242885　88201467　　　邮　　编　710071
网　　址　www.xduph.com　　　　　　　　电子邮箱　wmcuit@cuit.edu.cn
经　　销　新华书店
印刷单位　陕西天意印务有限责任公司
版　　次　2017 年 7 月第 1 版　　2017 年 7 月第 1 次印刷
开　　本　787 毫米×1092 毫米　1/16　印　张　14
字　　数　329 千字
印　　数　1～3000 册
定　　价　28.00 元

ISBN 978-7-5606-4543-8/TP

XDUP 4835001-1

***** 如有印装问题可调换 *****

前　言

随着光进铜退及光网城市进程发展的需要，以及 FTTH 大规模的普及和应用，传统的本地网维护人员不仅要负责外线线路维护，而且要掌握宽带业务的开通、维护及测试。这里不仅涉及了光纤线路上的问题和知识点，还有用户的终端设备问题，因而对维护人员的要求也由过去的单一技能逐步转变为综合型技能。

三网融合末端安装与维护是通信线路工程中接入网安装与维护的重要组成部分，同时也是最靠近各类用户、分布范围最广、后期维护难度最大的部分。

本书紧密结合企业职业岗位技能要求，并以高技能应用型人才为教育目标，在编写过程中始终贯穿这样一条主线，力求使读者学以致用。书中介绍的网络构架、业务放装、仪器仪表使用及管理、日常维护、案例分析与故障处理的内容及相关编写资料均来自于通信生产企业第一线，完全与通信企业目前的生产实际相符。

本书按照项目分解的结构来组织编写，每章后有实践项目与过关训练内容，所以既可作为全日制高等职业技术学院通信专业的教材，又可作为企业新员工上岗培训或各类技术人员的重要参考书籍。

本书由湖南邮电职业技术学院张炯担任主编并完成全书统稿，李宁、左利钦、易海峰编写了部分内容。全书由张喜云主审。

由于编者水平有限，书中难免存在疏漏、欠妥之处，恳请广大读者批评指正。

编　者

2017 年 2 月

目　录

项目一　网　络　构　架

任务 1　电缆网络认识

【任务要求】

(1) 识记：
- 了解通信电缆工程的建设情况；
- 掌握通信电缆工程的设计规范；
- 掌握通信电缆工程的勘测要点。

(2) 领会：
- 能够根据实际情况选定通信电缆线路路由；
- 能够进行电缆工程的勘测；
- 能够根据勘测情况画出施工路由图及电缆配线图。

【理论知识】

电缆网络在结构层次上可分为三层，即主干层、配线层和引入层。其中主干层以环型结构为主，配线层分为星型、树型和环型三种，引入层主要采用星型和树型结构。电缆网络构架如图 1-1-1 所示。

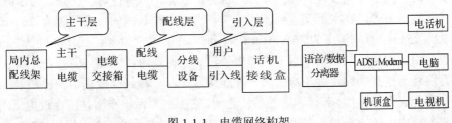

图 1-1-1　电缆网络构架

一、局内总配线架

局内总配线架(MDF)是用户线路的终端设备，MDF 上的布线是线路工程的重要内容。

1. MDF 的作用

(1) 连接作用：连接局外芯线和交换机；

(2) 保安作用：设立保安单元保护局内交换设备及人身安全；

(3) 测试作用：设有测试塞孔便于查修障碍和对号、测试；

(4) 维护作用：设立跳线便于线路扩建、割接及用户变动。

2. MDF 的结构

MDF 由主机架、保安接线排、测试排、接地装置及告警装置等组成，如图 1-1-2 所示。

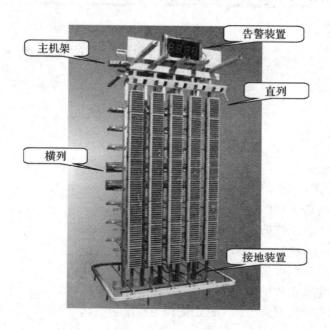

图 1-1-2　局内总配线架(MDF)

主机架由钢材或铝合金制成，分成直列和横列。直列上装有保安接线排，成端电缆的芯线即与此连通。横列上安装测试排，局内交换机的电缆连线与此相连，并可在此对线路进行测试，横、直列间即保安接线排与测试排之间用跳线相连。机架的上部或下部装有铜质汇流条，汇流条沿直列接地，它能引导保安器泄放出来的各种电流入地，以此保护局内设备。机架的直列上部安装有告警信号灯、告警信号箱、告警铃等。此外，为了测试、维修、改接跳线的方便，在主机架直列侧还安装有滑梯。直列间的标准间隔为 25 cm，横列间距为 22～25 cm，直列深度为 35～40 cm，横列深度为 40～50 cm，架体高度为 2 m 以上。

交换机引出的电缆从机架架顶电缆槽中通过。无论是内线电缆与横列、外线电缆与直列，还是跳线与横直列的连接，均采用两种连接方式，一种是绕接式，一种是卡接式。

保安单元起保护作用，直接和局外芯线连通。它的主要保护作用是防止过电压(雷电压)强电流进入局内，防止长时间弱电流流过芯线及设备(如电话线和电力线相碰时)。

二、电缆交接箱

电缆交接箱(交接箱)是用户电缆线路中的一种成端设备，用于连接主干电缆和配线电缆。在交接箱中，可利用跳线使主干电缆中的线对和配线电缆中的线对任意跳接连通，以达到灵活调度线对的目的。

1. 交接箱的分类和型号

1) 交接箱的分类

(1) 按电缆芯线连接方式可分为模块卡接式交接箱和旋转卡接式交接箱两种。

(2) 按箱体结构形式分为单开门交接箱和双开门交接箱两种。

(3) 按进出线对总容量可分为单面模块交接箱和双面模块交接箱两种。

2) 交接箱的型号

交接箱的型号由产品代号、产品顺序号、进出线总容量(用阿拉伯数字表示)等三部分构成。产品的完整标记由名称、标准号、型号构成。

2. 交接箱的结构

以 3M 模块式交接箱为例,电缆交接箱的结构如图 1-1-3 所示。

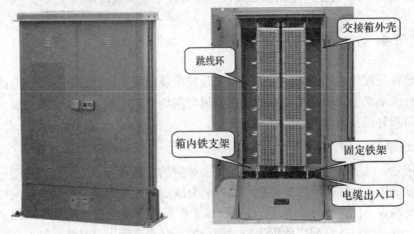

图 1-1-3　电缆交接箱结构示意图

交接箱一般由以下几部分组成:

(1) 交接箱外壳,采用玻璃钢复合材料制成,具有耐压、防潮、防腐蚀的性能,箱体外壳可装卸更换。

(2) 箱内铁支架,由扁钢制成骨架,每个支架能安装 25 对模块接线排,在箱体后面是成端电缆固定架。25 对模块接线排的结构形式如图 1-1-4 所示。

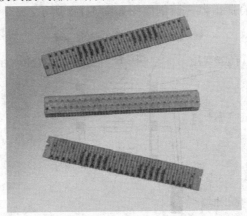

图 1-1-4　25 对模块接线排

(3) 跳线环：分金属和塑料两种，在箱体顶部和两侧安装。

(4) 电缆进线固定铁架：设在交接箱内底部。

(5) 电缆出入口橡胶垫：设在交接箱底部，起防潮、防尘的作用。

3. 交接箱相关编号

(1) 单面交接箱：交接箱内列序号自左往右顺序编号，每列的线序号自上往下顺序编号。

(2) 双面交接箱：可分为 A 列端和 B 列端。A 列端的线序号编排完，B 列端再继续往下编号。

4. 交接箱线缆安装原则

交接箱线缆安装的一般原则是局线(主干线)在中间列(第二列、第三列)，配线在两边(第一列、第四列)。通常首先选用相邻局线，这样可以节省跳线，跳线交叉少且较短。

三、分线设备

分线设备是配线电缆的终端设备，用于连接配线电缆和用户线路部分。分线设备一般安装在电杆或墙壁上，不论采用木质还是金属背架均要求牢固、端正、接地良好。分线设备有分线箱和分线盒两大类。

1. 分线箱

分线箱是一种装有熔丝管和避雷器等保安装置的分线设备，通常在容易遭雷击和强电入侵的地段使用。分线箱一般安装在电缆网的分线点或配线点上，用来沟通配线电缆的芯线和用户终端设备(话机)。所谓"分线点"或"配线点"，是指在配线电缆路由上分支出若干线对，供分线设备分配给就近的用户使用的一些点。所以，它是一种安装在线路网分支点或终端的线路终端设备。通过分线箱，软皮线可以直接接用户。

1) 构造及作用

分线箱的外形多为圆筒形(也有长方形)，由铸铁制成(便于接地)。箱内有内、外两层接线板，每层接线板上设有接线端子(线柱)。内层接线端子与分线箱的尾巴电缆相连，通过尾巴电缆和局方芯线相连通。外层接线端子与用户皮线连通，内外两层间串联有熔丝管，外层接线板与箱体之间有避雷器，其剖面图如图 1-1-5 所示。

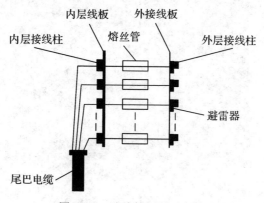

图 1-1-5　分线箱剖面示意图

2) 型号及规格

分线箱的型号及规格很多，外形有圆形、扁形之分。常用的有 XF679 系列分线箱(圆形)、WFB—1 型系列分线箱(扁形)，容量有 10(12)对、20(22)对、30(32)对及 50 对等(括号中数字为 WFB—1 型的容量)，如图 1-1-6 所示。

图 1-1-6 电缆分线箱

3) 应用

分线箱带有保安装置，通常用于用户引入线上有可能有强电流或高压侵入的场合，目前主要使用在城郊、野外线路及部分内部线路上。

2. 分线盒

分线盒是一种不带防雷保安装置的电缆分线设备，一般适用于不易遭雷击和强电入侵的地段，其作用与分线箱完全相同。

1) 结构

分线盒内部设有一层由透明有机玻璃制成的接线端子板，将分线盒分为内、外部分，接线时尾巴电缆在端子板内层与接线柱相连，外层和皮线相连，并应使用全色谱全塑电缆，以便从外层看清内层芯线的颜色，给维护施工带来方便。尾巴电缆的进口处用塑料或短热缩套管封合。分线盒成端如图 1-1-7 所示。尾巴电缆的长度如表 1-1-1 所示。

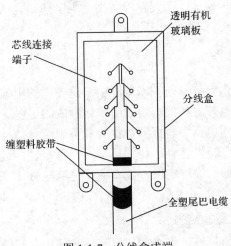

图 1-1-7 分线盒成端

表 1-1-1　尾巴电缆长度

尾巴电缆长度/m 分线盒、箱容量	分线盒	分线箱
5～10 对	2.2	2.8
15～30 对	2.3	2.9
50 对	2.4	3.2
特殊	另加长	另加长

2) 型号及规格

常用分线盒有 XF010—050 型分线盒和 DFH—2 型多用分线盒。前者的容量有 10 对、20 对、30 对、50 对等；后者是一种比较新型的设备，它是为日益采用的自由配线技术而提供的配套接续设备，容量为 200 对以下，内部结构与前述配线盒相同，功能也差不多，如图 1-1-8 所示。

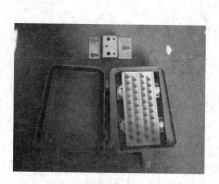

图 1-1-8　电缆分线盒

3) 使用范围

由于分线盒不带保安装置，故一般用于用户引入线不太可能有强电流或高电压侵入电缆网的场合，目前主要用于城区中主要路段、街道上及建筑物的内部或外部。

四、全色谱全塑通信电缆

全色谱全塑双绞线通信电缆是现在本地网中广泛使用的电缆，所谓"全塑"电缆是指电缆的芯线绝缘层、缆芯包带层和护套均采用塑料制成的电缆。全塑市话电缆属于频带对称电缆，现已广泛用来传送电话、电报和数据等业务电信号。

由于全塑电缆具有电气特性优良、传输质量好、重量轻、运输和施工方便、抗腐蚀、故障少、维护方便、造价低、经济实用、效率高及使用寿命长等特点，因此得到了很快的发展和推广。

1. 全色谱全塑通信电缆的结构

全色谱全塑通信电缆由导线、绝缘层、屏蔽层、外护套等四部分组成。

1) 导线

导线传输电信号由纯电解铜制成,一般为软铜线,标称线径有 0.32 mm、0.4 mm、0.5 mm、0.6 mm 和 0.8 mm 等 5 种。此外,曾出现过 0.63 mm、0.7 mm 和 0.9 mm 等几种线径,现在已逐渐减少,我国颁布的标准中只规定了前 5 种标称线径。

2) 绝缘层

绝缘层使导线与外部隔离绝缘,通常采用高密度聚乙烯、聚丙烯或乙烯—丙烯共聚物等高分子聚合物塑料实现绝缘功能。绝缘层形式可分为实心绝缘、泡沫绝缘和泡沫/实心皮绝缘。

3) 屏蔽层

屏蔽层的主要作用是防止外界电磁的干扰。屏蔽方式有单层涂塑铝带屏蔽、多层铝及钢金属带复合屏蔽。

4) 外护套

电缆外护套的主要作用是加强绝缘性能,同时保护电缆不受机械损伤。

2. 全色谱全塑通信电缆的缆芯

带绝缘层的导线称为缆芯,缆芯一般采用两线对绞的形式扭绞,即由 a、b 两线构成一个线组。全色谱线缆绝缘层包含 10 种颜色,两两颜色组合成为 25 个组合。a 线和 b 线的组成如下:

a 线:白、红、黑、黄、紫;

b 线:蓝、桔、绿、棕、灰。

25 对线为一个基本单位 U,在一个基本单位 U 中,线对序号与色谱存在一一对应的关系。全色谱全塑电缆的缆芯又可分为同心式和单位式两种。

同心式缆芯:其结构方式是由线对构成的一系列同心圆,当层数较多时这种成缆方式多有不便,故只用于部分小对数(50 对以下)的全塑电缆中。

单位式缆芯:这是全塑电缆形成缆芯的主要方式,它主要由基本单位和超单位绞接而成。根据缆芯中芯线线对和单位扎带颜色的不同,单位式缆芯也有普通色谱和全色谱之分。HYA 全色谱全塑电缆的结构示意图如图 1-1-9 所示。

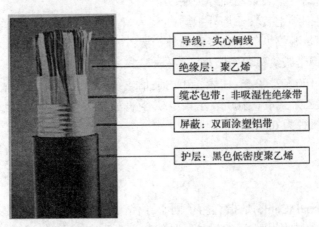

图 1-1-9　HYA 全色谱全塑电缆结构示意图

3. 全色谱全塑通信电缆的备用线对

全色谱全塑电缆 100 对及以上的有备用线对，一般备用线对按标称线对的 1%计算，但最多不超过 6 对，其备用线对色谱为白红、白黑、白黄、白紫、红黑、红黄。

4. 全色谱全塑通信电缆的型号

电缆型号是识别电缆规格程式和用途的代号，其按照用途、芯线结构、导线材料、绝缘材料、护层材料、外护层材料等可分别用不同的汉语拼音字母和数字来表示。按照原邮电部行业标准(YD2001—1992)，全塑电缆型号的表示方法和意义如下：

(1) 类别：

H——市内通信电缆；

HP——配线电缆；

HJ——局用电缆。

(2) 绝缘：

Y——实心聚烯烃绝缘；

YF——泡沫聚烯烃绝缘；

YP——泡沫/实心皮聚烯烃绝缘。

(3) 屏蔽护套：

A——涂塑铝带粘接屏蔽聚乙烯护套；

S——铝、钢双层金属带屏蔽聚乙烯护套；

V——聚氯乙烯护套。

(4) 特征(派生)：

T——石油膏填充；

G——高频隔离；

C——自承式。

电缆同时有几种特征存在时，型号字母顺序依次为 T、G、C。

(5) 外护层：

23——双层防腐钢带绕包铠装聚乙烯外护层；

32——单层细钢丝铠装聚乙烯外护层；

43——单层粗钢丝铠装聚乙烯外护层；

53——单层钢带皱纹纵包铠装聚乙烯外护层；

553——双层钢带皱纹纵包铠装聚乙烯外护层。

示例：HYA—100×2×0.5，H 表示市内通信电缆，Y 表示实心聚烯烃绝缘，A 表示涂塑铝带粘接屏蔽聚乙烯护套，100 表示该电缆容量为 100 对，2 表示电缆芯线为对绞式，0.5 表示电缆芯线线径为 0.5 mm。

五、同轴电缆

同轴电缆(Coaxial Cable)是指有两个同心导体，而导体和屏蔽层又共用同一轴心的电缆。它是计算机网络中使用广泛的另外一种线材。由于它在主线外包裹绝缘材料，在绝缘材料外面又有一层网状编织的屏蔽金属网线，所以能很好地阻隔外界的电磁干扰，提高通信质量，其结构如图 1-1-10 所示。

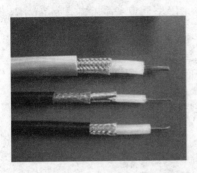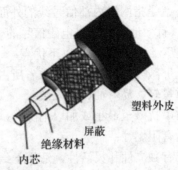

塑料外皮

屏蔽

绝缘材料

内芯

图 1-1-10　同轴电缆及其结构头示意图

同轴电缆的优点是可以在相对长的无中继器的线路上支持高带宽通信，而其缺点也是显而易见的：一是体积大，细缆的直径就有 3/8 英寸粗，要占用电缆管道的大量空间；二是不能承受缠结、压力和严重的弯曲，这些都会损坏电缆结构，阻止信号的传输；最后就是成本高，而所有这些缺点正是双绞线能克服的，因此在现在的局域网环境中，基本已被基于以太网物理层规范的双绞线所取代。

同轴电缆分为细缆(RG-58)和粗缆(RG-11)两种。

细缆(RG-58)的直径为 0.26 mm，最大传输距离为 185 m，使用时与 50 Ω 终端电阻、T型连接器 BNC 接头和网卡相连，线材价格和连接头成本都比较便宜，而且不需要购置集线器等设备，十分适合架设终端设备较为集中的小型以太网络。缆线总长不要超过 185 m，否则信号将严重衰减。细缆的阻抗是 50 Ω。

粗缆(RG-11)的直径为 1.27 cm，最大传输距离达到 500 m。由于直径相当粗，因此它的弹性较差，不适合在室内狭窄的环境内架设，而且 RG-11 连接头的制作方式也相对要复杂许多，并不能直接与电脑连接，它需要通过一个转接器转成 AUI 接头，然后再接到电脑上。由于粗缆的强度较强，最大传输距离也比细缆长，因此粗缆的主要用途是扮演网络主干的角色，用来连接数个由细缆所结成的网络。粗缆的阻抗是 75 Ω。

六、双绞线

1. 分类

双绞线采用了一对互相绝缘的金属导线互相绞合的方式来抵御一部分外界电磁波干扰。把两根绝缘的铜导线按一定密度互相绞在一起可以降低信号干扰的程度，每一根导线在传输中辐射的电波会被另一根线上发出的电波抵消。双绞线一般由两根 22～26 号的绝缘铜导线相互缠绕而成，实际使用的双绞线是由多对双绞线一起包在一个绝缘电缆套管里构成的。典型的双绞线有四对，也有更多对双绞线放在一个电缆套管里的，这些我们称为双绞线电缆。在双绞线电缆(也称双扭线电缆)内，不同线对具有不同的扭绞长度，一般来说，扭绞长度在 38.1 cm 至 14 cm 内，按逆时针方向扭绞。相邻线对的扭绞长度在 14.7 cm以上，一般扭绞的越密其抗干扰能力就越强。

　　双绞线可分为非屏蔽双绞线(UTP)和屏蔽双绞线(STP)两种。屏蔽双绞线电缆的外层由金属网包裹，以减小辐射，屏蔽双绞线价格相对较高，安装时要比非屏蔽双绞线电缆困难。所谓屏蔽，就是指网线内部信号线的外面包裹着一层金属网，在屏蔽层外面才是绝缘外皮，屏蔽层可以有效地隔离外界电磁信号的干扰。

　　非屏蔽双绞线电缆具有以下优点：

　　(1) 无屏蔽外套、直径小、节省所占用的空间；

　　(2) 重量轻、易弯曲、易安装；

　　(3) 将串扰减至最小或加以消除；

　　(4) 具有阻燃性；

　　(5) 具有独立性和灵活性，适用于结构化综合布线。

　　UTP 网线使用 RJ45 水晶头进行连接，RJ45 接头是一种只能从固定方向插入并可防止自动脱落的塑料接头，网线内部的每一根信号线都需要使用专用压线钳使它与 RJ45 的接触点紧紧连接，根据网络速度和网络结构标准的不同，接触点与网线的接线方式也不同。UTP 网线适用于(10Base-T、100Base-T、100Base-TX)标准的星型拓扑结构网络。UTP 网线结构及 RJ45 水晶头示意图如图 1-1-11 所示。

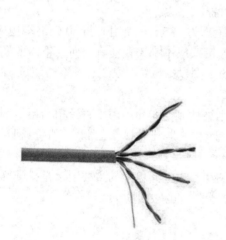
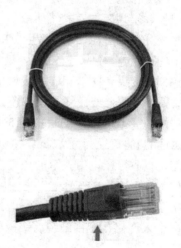

抗老化能力强，能抵抗外界电磁场干扰

图 1-1-11　UTP 网线结构及 RJ45 水晶头示意图

　　如前所述，STP 使用金属屏蔽层来降低外界的电磁干扰，屏蔽层正确地接地后，可将接收到的电磁干扰信号变成电流信号，与在双绞线形成的干扰信号电流反向。只要两个电流是对称的，它们就可抵消，而不给接收端带来噪声。如果屏蔽层不连续或者屏蔽层电流不对称时，就会降低甚至完全失去屏蔽效果而导致噪声。STP 线缆只有当完全的端对端链路均完全屏蔽及正确接地后，才能防止电磁辐射及干扰。

　　STP 线缆的缺点是，在高频传输时衰减增大，如果没有良好的屏蔽效果，平衡性就会降低，也会导致串扰噪声。另外，STP 的屏蔽效果取决于屏蔽材料、屏蔽层密度以及电磁干扰信号源(类型、频率、噪声)至屏蔽层的距离、屏蔽的连续性和所采用的接地结构等。STP 一般用在易于受电磁干扰和无线频率干扰的环境中。STP 网线结构及 RJ45 水晶头示意图如图 1-1-12 所示。

图 1-1-12 STP 网线结构及 RJ45 水晶头示意图

双绞线常见的有三类线、五类线、超五类线和六类线以及最新的七类线。三类线线径细而五类线线径粗，各类双绞线的特点及传输连接如下：

三类线：在 ANSI 和 EIA/TIA568 标准中指定的电缆，该电缆的传输频率为 16 MHz，用于语音传输及最高传输速率为 10 Mb/s 的数据传输，主要用于 10BASE-T 网络。

五类线：该类电缆增加了绕线密度，外套一种高质量的绝缘材料，传输频率为 100 MHz，用于语音传输和最高传输速率为 100 Mb/s 的数据传输，主要用于 100BASE-T 和 10BASE-T 网络，是最常用的以太网电缆。

超五类线：超五类线具有衰减小、串扰少、具有更高的衰减与串扰的比值(ACR)和信噪比(Structural Return Loss)、更小的时延误差等特点，性能得到很大提高。超五类线的最大传输速率为 250 Mb/s。

六类线：该类电缆的传输频率为 1～250 MHz，六类布线系统在 200 MHz 时综合衰减串扰比(PS-ACR)应该有较大的余量，它提供 2 倍于五类的带宽，五类线为 100 MHz，超五类为 155 MHz、六类为 200 MHz。在短距离传输中五类、超五类、六类都可以达到 1 Gb/s，六类布线的传输性能高于五类、超五类标准，最适用于传输速率高于 1 Gb/s 的应用。

七类线：是 ISO/IEC 11801 七类/F 级标准中最新的一种双绞线，它主要是为了适应万兆位以太网技术的应用和发展。它是一种屏蔽双绞线，因此它可以提供至少 500 MHz 的综合衰减对串扰比和 600 MHz 的整体带宽，是六类线和超六类线的 2 倍以上，传输速率可达 10 Gb/s。在七类线缆中，每一对线都有一个屏蔽层，四对线合在一起还有一个公共大屏蔽层。从物理结构上来看，额外的屏蔽层使得七类线有一个较大的线径。

2. 线序

双绞线 RJ45 水晶头的制作线序：将水晶头金属片面向自己(小尾巴在背面，朝下)，从左到右线序为 1、2、3、4、5、6、7、8。

568A 标准：白绿、绿、白橙、蓝、白蓝、橙、白棕、棕。

568B 标准：白橙、橙、白绿、蓝、白蓝、绿、白棕、棕。

当双绞线两端使用的是同一个标准时为直连线，也叫直通线，用于连接计算机与交换机、HUB(集线器)等；当双绞线两端分别使用不同的标准时为交叉线，用于连接计算机与计算机、交换机与交换机等。可理解为同级设备使用交叉线，不同级则使用直通线。在通常的工程中做平行线时，用 B 标准的更多一些。

RJ45 各脚功能(10BaseT/100BaseTX)如下：

(1) 传输数据正极 Tx+。

(2) 传输数据负极 Tx-。

(3) 接收数据正极 Rx+。

(4) 备用(当 1236 出现故障时，自动切入使用状态)。

(5) 备用(当 1236 出现故障时，自动切入使用状态)。

(6) 接收数据负极 Rx-。

(7) 备用(当 1236 出现故障时，自动切入使用状态)。

(8) 备用(当 1236 出现故障时，自动切入使用状态)。

注：4、5、7、8 四根线在有需要的情况下会被作为 POE 供电用的线路，4、5 为一组或者 7、8 为一组。

◇◇◇◇ **实 践 项 目** ◇◇◇◇

试题　普通电话业务放装——交接箱跳线、分线设备制作及线缆布放

1. 任务描述

(1) 用户 A 在电信部门申请了固定电话业务，装维经理 B 接到电信工单后，需要按照资源上的工单信息找到所对应的交接箱及交接箱内的资源信息，用查线机进行拨号试听，完成交接箱主干与配线的跳接。

(2) 制作一个 10 回线的电缆分线盒成端。

(3) 采用墙壁钉固方式，选择合适的路由，布放一条电话双绞线到指定的用户 A，完成电话终端连接且进行拨打测试。

相关资源信息如下：

```
==============客户信息==============

              客户名称:A
       业务号码:_____（如 588）
装机地址:湖南邮电职业技术学院线路楼三网融合末端装维实验室
==============资源信息==============
                局向:520:
      直列块对:_____（如 2_1_364）
   主干线对:_____（如 164）:配线线对:_____（如 6）
      分线盒：J00410_1:端子:_____（如 6）
                逻辑号码:588
```

注：空白处抽签后由考评老师现场填写。

2. 任务要求

(1) 清点好工具包，带齐相应的工具；

(2) 在交接箱箱体板上分清主干与配线，找到相对应的线序；

(3) 用查线机对主干端子进行拨号试听；

(4) 正确使用跳线枪，完成跳接；

(5) 用查线机对配线端子进行拨号试听；

(6) 量好尾巴电缆并裁剪；

(7) 电缆开剥和编扎；

(8) 一一对应地完成端接；

(9) 进线口的密封处理；

(10) 找到分线设备及对应的端子号；

(11) 用查线机对对应的端子进行拨号试听；

(12) 确定好布线路由及终端安装位置；

(13) 选择合理的路由完成线缆钉固；

(14) 电话终端的连接；

(15) 进行呼入和呼出的拨打测试。

3. 实施条件

项　目	基本实施条件	备　注
场地	通信网络构架健全，室外线路及设备敷设与安装齐全、有效，室内场景尽量与实际结合，分线设备距用户距离不超过 150 m。三网融合末端装维实训室一间，工位 10 个	必备
设备	局端 DSLM 设备等，室外一体化机柜或交接箱，分线盒 10 个，电话机 10 个，电话接线盒 10 个	必备
仪表	查线机、寻线仪、ADSL 测试仪等	必备
工具	跳线枪、斜口钳、尖嘴钳、起子、楼梯、脚扣、综合布线工具包、人字梯等各 11 套	必备（已考虑备用）
材料	跳线、分离器、末端线缆(电话皮线、超五类线)、卡钉扣 10 盒、橡胶封堵泥 1 袋、RJ11 水晶头 1 袋	必备（已考虑备用）

4．评价标准

评价内容	配分	考 核 点	扣 分	备 注
职业素养与操作规范（20分）	5	做好安装前的工作准备：画出布线路由简图，做好仪器仪表、工具、器件的清点，并摆放整齐，必须穿戴劳动防护用品和工作服	路由简图绘制不正确，仪器仪表、工具、器材不齐，未穿戴劳动防护用品和工作服扣1分/项	出现明显失误造成器材或仪表、设备损坏等安全事故，严重违反考场纪律，造成恶劣影响的，本大项记0分
	10	采用合理的方法，正确选择并使用工具、器材	工具选择和使用不正确扣3分/件	
	5	1．具有良好的职业操守、做到安全文明生产，有环保意识；2．保持操作场地的文明整洁；3．任务完成后，整齐摆放工具及凳子、整理工作台面等并符合要求	工位整理不到位扣2分	
作品（80分）	线缆的布放及设备安装 25	1．能准确合理地确定末端引入线的路由；2．选用正确的工具，用正确的方法进行引入线缆的布放；3．线缆布放必须符合布线规范要求，设备安装必须符合规范要求	路由选择不正确扣5分；工具选用不正确扣5分/件；缆线布放不规范扣5分/处；扣完为止	
	线缆的端接 25	1．选用正确的工具；2．用正确的方法进行引入线缆的端接；3．用测试仪表进行测试判断	工具选用不正确扣3分/件；端接不良每端扣5分；测试不对扣5分；判断不对扣5分；扣完为止	
	业务开通 20	1．能在终端设备上正确地进行数据配置和软件安装等；2．能开通业务并验证	数据配置、软件安装不正确扣5分/项；业务未开通扣5分/项；扣完为止	
	结果报告 10	根据步骤和操作结果，写出任务操作报告	报告不完整扣5～10分	

5．考核时间

考试时间：120分钟。

◇◇◇◇ 过 关 训 练 ◇◇◇◇

1. 全塑电缆的色谱分为 A 线与 B 线，下列属 A 线的色谱有( )。
   A. 白 　　　　　B. 棕 　　　　　C. 黑 　　　　　D. 黄
2. 双绞线分( )两种。
   A. UTP 　　　　B. STP 　　　　C. MSTP 　　　　D. UDP
3. 若交接箱内跳线碰线或短接，不可能出现的情况是( )。
   A. 语音信号有，数据信号没有 　　　B. 数据信号有，语音信号没有
   C. 语音、数据信号都有 　　　　　　D. 语音、数据信号都没有
4. RJ45 型插头和网线有两种连接方法，分别称作( )。
   A. T568A 　　　B. T568B 　　　C. T568C 　　　D. T568D
5. 从交接箱至用户设备端的用户电缆称为( )。
   A. 主干电缆 　　B. 配线电缆 　　C. 联络电缆 　　D. 用户引入线
6. 从交接箱至用户设备端的用户电缆，被称作( )。
   A. 中继电缆 　　B. 联络电缆 　　C. 配线电缆 　　D. 主干电缆
7. 两交接箱之间敷设的直达电缆，被称作( )。
   A. 中继电缆 　　B. 联络电缆 　　C. 配线电缆 　　D. 主干电缆
8. 交接设备是市话电缆线路中的( )与( )的集中点。
   A. 主线 配线 　　B. 主线 用户线 　　C. 光缆 主线
9. 分线设备是配线电缆的终端设备，是连接( )之间的选线及试线设备。
   A. 配线电缆和用户引入线 　　　　B. 主干电缆和配线电缆
   C. 引入线和用户室内线 　　　　　D. 主干电缆和用户引入线
10. 3M 模块式电缆交接箱内的模块接线子，一个模块接线子可接( )对电缆芯线。
    A. 10 　　　　　B. 20 　　　　　C. 25 　　　　　D. 100

任务 2　光缆网络认识

【任务要求】

(1) 识记：
- 了解 PON 系统的组成；
- 掌握 PON 系统的网络结构；
- 掌握 PON 系统的工作原理。

(2) 领会：
- 能够判断处理终端设备网络故障；
- 能够根据用户实际情况合理进行 ODN 网络设计；

· 能够对 EPON 与 GPON 的工作原理分析对比各自的优势与劣势。

【理论知识】

接入光缆网在结构层次上分为三层结构，即主干层、配线层和引入层，并以局端机为中心组成多个相对独立的网络。其中主干光缆以环型结构为主；配线光缆结构分为星型、树型和环型三种；引入光缆主要采用星型和树型结构，对于特别重要的用户，可以采用双归方式组网。光缆网络结构如图 1-2-1 所示。

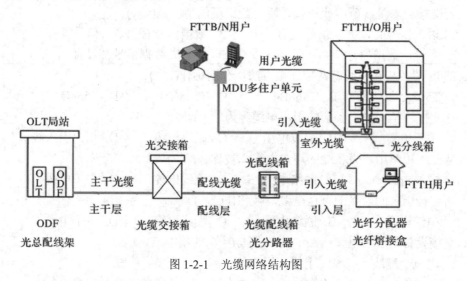

图 1-2-1　光缆网络结构图

一、PON 系统

1. PON 系统的组成

PON 系统的基本组成包括光线路终端(Optical Line Terminal，OLT)、光分配网(Optical Distribution Network，ODN)和光网络单元(Optical Network Unit，ONU)三大部分，如图 1-2-2 所示。

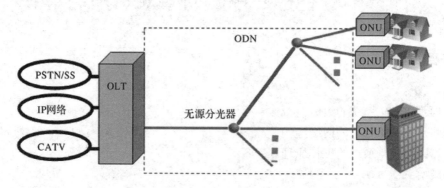

图 1-2-2　PON 系统的组成

OLT 位于局端，主要作用是将各种业务信号按一定的格式汇聚后向终端用户传输，并将来自终端用户的信号按照业务类型分别进行汇聚后送入各业务网。

ONU 位于用户端,在 FTTH/O 的应用中,ONU 直接为用户提供话音、数据或视频接口。

ODN 提供 OLT 与 ONU 之间的光传输通道,包括了 OLT 和 ONU 之间所有光缆、光缆接头、光纤交接设备、光分路器、光纤连接器等无源光器件。ODN 宜采用星型结构或树型结构。

2. PON 系统在网络中的位置

PON 系统在完整的 IP 城域网中属于接入网范畴,上连汇聚层设备,如汇聚层交换机、宽带接入服务器、路由器等,向下通过有线或无线连接用户终端,为用户提供各种接入业务。根据 ONU 所处位置的不同,光纤接入网分为光纤到户(FTTH)、光纤到大楼(FTTB)、光纤到办公室(FTTO)、光纤到节点(FTTN)、光纤到村(FTTV)等。PON 系统在网络中的位置如图 1-2-3 所示。

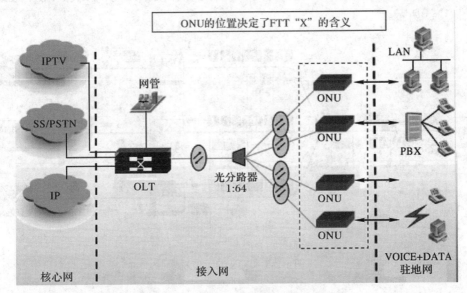

图 1-2-3 PON 系统在网络中的位置

3. PON 的工作原理

PON 系统采用 WDM(波分复用)技术实现单纤双向传输,其上行光信号波长为 1310 nm,下行光信号波长为 1490 nm。若有广播电视信号,则采用 1550 nm 波长传输。PON 的复用技术如图 1-2-4 所示。

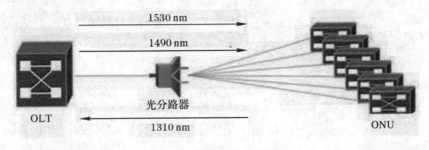

图 1-2-4 PON 的复用技术

1) PON 下行数据

OLT 采用连续广播技术向 ONU 发送下行数据流，实现天然组播。

ONU 选择性接收数据。在 ONU 注册成功后分配一个唯一的识别码 LLID(Logical Link Identifier，逻辑链路地址)，ONU 接收数据时，仅接收符合自己识别码的帧或广播帧。

2) PON 上行数据

ONU 采用 TDMA 技术向 OLT 发送上行数据流，为保证上行数据不发生冲突，通常采用测距技术和分时突发方式。

TDMA 技术即时分多址技术，指每个 ONU 只能在各自规定的时隙位置发送信息，且同一时隙内只能有一个 ONU 发送上行信号，各个 ONU 发送的上行数据流通过光分路器耦合进共用光纤中传输。每个 ONU 由一个 TDM 控制器控制，它与 OLT 的定时信息一起控制上行数据包的发送时刻，避免分光器合路时数据发生碰撞和冲突。PON 的工作原理如图 1-2-5 所示。

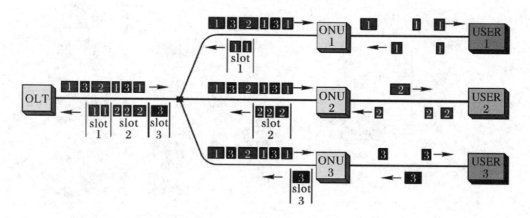

图 1-2-5　PON 的工作原理

二、ODF

ODF(Optical Distribution Frame)即光纤配线架，是专为光纤通信机房设计的光纤配线设备，是通信配线设备中的主要设备。ODF 既可单独装配成光纤配线架，也可与数字配线单元、音频配线单元同装在一个机柜/架内，构成综合配线架。

ODF 具有光缆固定和保护、光缆终接、调线以及光缆纤芯和尾纤保护等功能，其配置灵活、安装使用简单、容易维护、便于管理，是光纤通信光缆网络终端或中继点实现排纤、跳纤光缆熔接及接入必不可少的设备。

1. ODF 结构

ODF 由机架、子架、盘、熔接盒、保护熔接点的附件、光纤适配器以及尾纤组成。它应具有终端光缆和存放多余尾纤的地方，并且有放置光衰减器的位置。典型 ODF 的结构如图 1-2-6 所示。

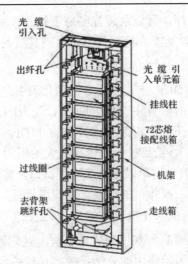

图 1-2-6　ODF 的结构

1) ODF 的应用

ODF 用于配线间和设备间光缆的端接、使用和管理。在综合布线系统中，ODF 适用于设备间的水平布线或设备端接以及集中点的互配端接。ODF 具有坚固及易于安装的设计，可减少安装与操作费用，较大的正面标识空间则方便端口识别。

2) ODF 的分类

按照接口数量来分，有 12 口、24 口、36 口、48 口和 72 口等 ODF 单元。按放置方式来分，有立式和卧式 ODF。按照结构的不同来分，有壁挂式和机架式 ODF。

壁挂式光纤配线架可直接固定于墙体上，一般为箱体结构，适用于光缆条数和光纤芯数都较小的场所。机架式光纤配线架可直接安装在标准机柜中，适用于较大规模的光纤网络。

机架式配线架又分为两种：一种是固定配置的配线架，光纤耦合器被直接固定在机箱上；另一种采用模块化设计，用户可根据光缆的数量和规格选择相对应的模块，便于网络的调整和扩展。

3) ODF 功能要求

(1) 光缆固定与保护功能。ODF 具有光缆引入、固定和保护装置。该装置将光缆引入并固定在机架上，保护光缆及缆中纤芯不受损伤。光缆金属部分与金属机架绝缘，固定后的光缆金属护套及加强芯应可靠连接高压防护接地装置。

(2) 光纤终接功能。ODF 具有光纤终接装置。该装置便于光缆纤芯及尾纤接续操作、施工、安装和维护，能固定和保护接头部位平直而不位移，避免外力影响，保证盘绕的光缆纤芯、尾纤不受损伤。

(3) 调线功能。ODF 通过光纤跳线连接器插头能迅速方便地调度光缆中的纤芯序号及改变光传输系统的路序。

(4) 光缆纤芯和尾纤的保护功能。光缆开剥后纤芯有保护装置，固定后引入光纤有终接装置。

(5) 标识记录功能。机架及单元内应具有完善的标识和记录装置，用于方便地识别纤芯序号或传输路序，且记录装置应易于修改和更换。

(6) 光纤存储功能。机架及单元内应具有足够的空间，用于存储余留光纤。

2. MODF

由于现有的 ODF 主要是用于光通信设备之间的连接与配线，面向的是传输层，所以故障率也不高。而随着 FTTH 的实施，现有的铜缆网络将逐渐被光缆所代替，ODF 也将面向接入层和真正的用户，取代目前的 MDF，这样一来，线路故障和用户端设备故障的数量将会变得很大，给维护部门带来很大的压力。光总配线架(Main Optical fiber Distribution Frame，MODF)的使用可以提供在线测试口，实现在线测试和集中测试，降低维护工作量，同时也方便跳线、操作、架间连接和线缆管理。

1) MODF 的概念及适用范围

MODF 是具有直列和横列成端模块，直列侧连接外线光缆，横列侧连接光通信设备，可通过跳纤进行通信路由的分配连接，且具备水平、垂直、前后走纤通道，便于大容量跳纤维护管理扩容，另外具有链路测试端口的配线连接设备。

MODF 主要用于机房内设备光缆与室外光缆的集中成端、连接调度和监控测量，其外观如图 1-2-7 所示。

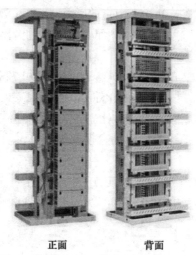

正面　　　　　　背面

图 1-2-7　MODF 示意图

2) MODF 的主要结构

MODF 由连接外线光缆的直列侧、连接光通信设备的横列侧配线架组成，两者可以是相互独立的光纤配线架，也可以采用一体架结构。具体来说，MODF 主要由机架顶座、底座、骨架、门(需要时)、光缆固定开剥单元、直列模块和跳纤收容单元、横列模块、水平走线槽及附件等组成。MODF 也可以采用熔配分离的方式，单独设立光纤熔纤架。

MODF 机架可满足多个机架并架的要求，方便水平走纤通道相互连接及跳纤走纤。机架可满足上进缆或下进缆，且外线缆和设备缆的布放区域相对独立、互不干扰，具有可兼容带状、束状光缆固定的光缆固定开剥装置。

机架高度分为 2600 mm、2200 mm、2000 mm 三类。

(1) 线路侧结构。MODF 线路侧由 72 芯一体化单元框组成，每个 72 芯一体化单元框由 6 个 12 芯一体化托盘组成。12 芯一体化托盘具有光纤熔接和成端功能，外线光缆光纤在托盘内与尾纤熔接并在托盘上成端。一体化托盘上的适配器应具备向左(右)倾斜 30°左右的功能，在一体化托盘上的适配器应可左右互换出纤。同一 MODF 的一体化托盘尺寸通用，可互换。

(2) 设备侧结构。MODF 设备侧由光纤终端单元组成。光纤终端单元为只具备光纤成端功能，无光纤熔接功能的面板型结构。光纤终端单元由适配器和适配器座板组成，适配器安装在座板上。所有光纤终端单元上的适配器的倾斜方向保持一致。光纤终端单元的容量有 72 芯和 96 芯两种。同一 MODF 的光纤终端单元尺寸通用、可互换。光纤终端单元可整体向下翻转。光纤终端单元可以转动到 90º，并且不会剐蹭走线槽道内的其他跳纤。

3) 功能介绍

(1) 光缆固定与保护。MODF 具有光缆引入、固定和保护装置，可以使光缆固定在机架上时，光缆及缆中纤芯不会受到损伤；MODF 配置的纤环和绕线柱可以避免跳纤在转角处与架体直接接触；固定后的光缆金属护套及加强芯可通过高压防护装置可靠接地。

(2) 光纤终结功能。MODF 具有的光纤终结装置便于光缆纤芯及尾纤接续操作、施工、安装和维护；能固定和保护接头部位平直而不位移，避免外力影响，保证盘绕的光缆纤芯、尾纤不受损伤。

(3) 调纤功能。通过光纤连接器插头能迅速方便地调度光缆中的纤芯。

(4) 水平走线功能。MODF 具有水平走线装置，用于跳纤在架内或架间跳接时路由的承载。

三、光缆交接箱

1. 传统光缆交接箱

光缆交接箱是一种为主干层光缆、配线层光缆提供光缆成端、跳接的交接设备。光缆引入光缆交接箱后，经固定、端接、配纤以后，使用跳纤将主干层光缆和配线层光缆连通。光缆交接箱的容量是指光缆交接箱最大能成端纤芯的数目。容量的大小与箱体的体积、整体造价、施工维护难度成正比，所以不宜过大。光缆交接箱的容量实际上应包括主干光缆直通容量、主干光线配线容量和分支光缆配线容量三部分。传统光缆交接箱的结构如图 1-2-8 所示。

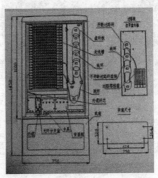

图 1-2-8　传统光缆交接箱结构图

1) 箱体性能

光缆交接箱是安装在户外的连接设备，对它最根本的要求就是能够抵御剧变的气候和恶劣的工作环境。它应具有防水汽凝结、防水和防尘、防虫害和鼠害、抗冲击损坏能力强的特点，必须能够抵御比较恶劣的外部环境。因此，箱体外侧对防水、防潮、防尘、防撞击损害、防虫害鼠害等方面要求比较高，其内侧对温度、湿度控制要求比较高。

2) 容量

光缆交接箱的容量是指光缆交接箱最大能成端纤芯的数目。一般常用的交接箱有 144 芯和 288 芯两种。

3) 光缆交接箱的重要性

光缆交接箱一般放置在主干光缆上，用于光缆分歧。它是一个无源设备，与原来的铜缆交接箱功能类似，只是将大对数的光缆通过光缆交接箱后，分为不同方向的几个小对数光缆，可以实现光缆的跳接，也可以用于测试和维护。一般，光缆交接箱是馈线光缆和配线光缆的划分点。

光缆在建设中有两种组网方式：总线式结构和环型结构。总线式结构是指从局端到各光缆交接箱只使用一条大对数光缆连接的网络结构，它一般使用在业务量少、范围不大的非重点地区。环型结构是指所有光缆交接箱共同使用一条大对数光缆，光缆首尾在局端终端自成一个封闭回路的网络结构，纤芯分配与总线式结构一样。

2. 免跳接光缆交接箱

免跳接光缆交接箱可方便地实现光缆的成端、光纤的跳接与调度、尾纤余长的收容，并且可以通过灵活地增加光分路器数量来实现光分端口的扩容等功能，从而降低产品和工程建设的成本，减少故障环节，节省光功率预算。免跳接光缆交接箱如图 1-2-9 所示。

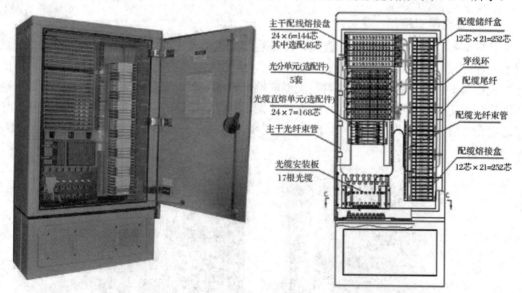

图 1-2-9　免跳接光缆交接箱实物图及结构图

1) 免跳接光缆交接箱的优势

传统光缆交接箱链路连接方式如图 1-2-10 所示。免跳接光缆交接箱链路连接方式如图

1-2-11 所示。

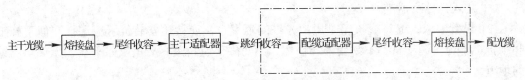

图 1-2-10 传统光缆交接箱链路连接方式

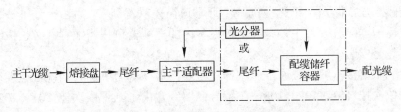

图 1-2-11 免跳接光缆交接箱链路连接方式

与传统光缆交接箱比较，免跳接光缆交接箱的优势如下：

(1) 去除了光跳纤、适配器；

(2) 可以进行跳接光纤冗余管理；

(3) 扩容方便；

(4) 可同时满足光纤点对点与点对多点业务的应用。

2) 免跳接光交接箱的适用场合

免跳接光交接箱一般应用于以下场合：

(1) 免跳接兆缆交接箱可作为一级或二级光缆交接设备；

(2) 在 FTTH/O 接入方式下，一般设置在光缆汇聚点，处于第一级分光点位置，如图 1-2-12 所示。

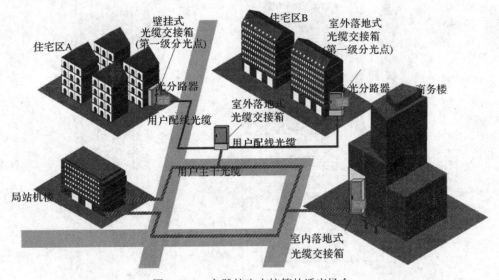

图 1-2-12 免跳接光交接箱的适应场合

3) 免跳接光交接箱的主要种类与设置

(1) 主要种类如下：

① 插片式光分路器类;

② 盒式光分路器类。

(2) 设置要求:光缆交接箱是用户光缆的汇聚点。交接箱安装位置应选择在便于施工和维护、管道资源丰富、不易受外界损坏、不妨碍交通、没有严重电磁干扰、无化学腐蚀的地方。

4) 免跳接光交接箱的资源管理

(1) 适配器法兰端子(主干光缆)编号:通常遵循先从左到右,后由上到下按端子顺序连续编号。在适配器配置安装中,光缆交接设备内的适配器可按需配置,必须按编号顺序安装,不允许越号安装。

(2) 盘纤盒/熔接盒编号:通常,盘纤盒与熔接盒以盒为单位分别统一连续编号。盘纤盒由上到下依次按 101、102、103……编号;熔纤盒由上到下依次按 201、202、203……编号。

(3) 配光缆尾纤编号:每根从光缆中熔接出来的尾纤均给予单独的物理编号,并永久保存。标签印刷格式为盘纤盒编号—光纤编号,例如,105-8 中 105 代表储纤盒编号,8 代表光纤编号(该编号是光缆中的光纤顺序编号)。

5) 免跳接光缆交接箱的安装

免跳接光缆交接箱一般采用落地、挂墙、架空等安装方式,交接箱内布线图如图 1-2-13 所示。

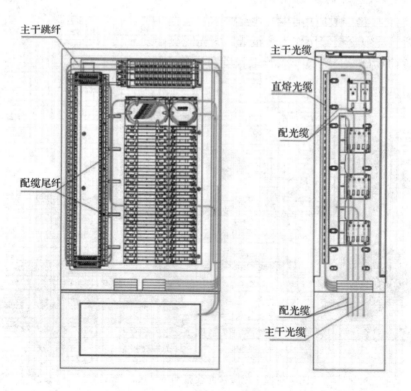

图 1-2-13　交接箱内布线图

(1) 室外落地式免跳接光缆交接箱的安装与固定主要有引上管和地气棒的敷设、水泥墩的浇注、敷设内导管、箱体的安装等工作。

(2) 室内外挂墙式免跳接光缆交接箱的安装与固定主要分为安装箱体托架、在墙体上固定箱体等工作。

注意：尾纤余长要控制；布线走向要合理；适配器选择需统一；光纤曲率半径不小于30 mm。

6) 免跳接光缆交接箱的维护与检修

光缆交接箱是用户光缆装设在局外的交接设备，是用户主干与配光缆的集中点，为此光缆交接箱应有专人负责管理，以确保通信和设备的安全。

(1) 设专人定期检查维修，发现问题做好记录。

(2) 应有专人定期检查核对纤芯、光分路器端口的使用情况，做到图表、资料与实用相符。

(3) 定期检查交接箱箱体和底隔板有无裂缝进潮及锈蚀现象，以便采取措施予以修复。

(4) 检查交接箱内有无存放杂物，以保证设备的安全。

四、光分路设备

1. 基本介绍

与同轴电缆传输系统一样，光网络系统也需要将光信号进行耦合、分支、分配，这就需要光分路器来实现。光分路器又称分光器，是光纤链路中重要的无源器件之一。光分路器是指用于实现特定波段光信号的功率耦合及再分配功能的光无源器件。光分路器可以是均匀分光，也可以是不均匀分光。

2. 类型及基本原理

根据制作工艺，光分路器可分为熔融拉锥(FBT)光分路器和平面光波导(PLC)光分路器两种类型。按器件性能覆盖的工作窗口可分为单窗口型光分路器、双窗口型光分路器、三窗口型光分路器和全宽带型光分路器。

(1) 熔融拉锥光分路器是将两根光纤扭绞在一起，然后在施力条件下加热并将软化的光纤拉长形成锥形并稍加扭转，使其熔接在一起。熔融拉锥光分路器一般能同时满足1310 nm 和 1490 nm 波长的正常分光，其原理如图 1-2-14 所示。

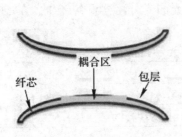
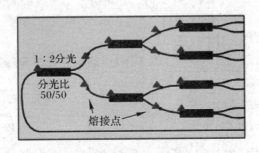

图 1-2-14 熔融拉锥光分路器原理图

(2) 平面光波导光分路器是基于平面波导技术的一种光功率分配器,是用半导体工艺(光刻、腐蚀、显影等技术)制作的光波导分支器件,光波导阵列位于芯片的上表面,分路功能在芯片上完成,并在芯片两端分别耦合封装输入端和输出端多通道光纤阵列。平面光波导光分路器的工作波长可在 1260~1650 nm 宽谱波段,其原理如图 1-2-15 所示。

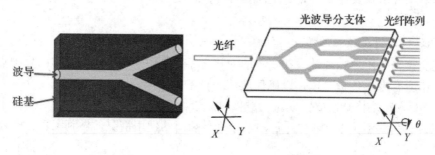

图 1-2-15　平面光波导光分路器原理图

光分路器有一个或两个输入端以及两个以上输出端,光功率在输出端为永久性分配方式。光分路器按功率分配形成规格来看,可表示为 $M \times N$,也可表示为 $M:N$。M 表示输入光纤路数,N 表示输出光纤路数。

与熔融拉锥式分路器相比,PLC 分路器的优点有:

(1) 损耗对光波长不敏感,可以满足不同波长的传输需要。

(2) 分光均匀,可以将信号均匀分配给用户。

(3) 结构紧凑,体积小,可以直接安装在现有的各种交接箱内,不需留出很大的安装空间。

(4) 单只器件分路通道很多,可以达到 32 路以上。

(5) 多路成本低,分的路数越多,成本优势越明显。

PLC 分路器的主要缺点有:

(1) 器件制作工艺复杂,技术门槛较高,目前芯片被国外几家公司垄断,国内能够大批量封装生产的企业很少。

(2) 相对于熔融拉锥式分路器成本较高,特别在低通道分路器方面更处于劣势。

3. 功能及性能要求

(1) 工作波长要求。考虑到 PON 网络应用需求,包括 EPON/GPON、10G PON、ODN 在线测试等的波长要求,光分路器的选用应能支持 1260~1650 nm 的工作波长。

(2) 光学性能要求。在工作温度范围内均匀分光的光分路器设备(含插头)安装前应满足表 1-2-1 的光性能指标要求。

表 1-2-1　均匀分光光分路器光学性能指标表

规　格	1×2	1×4	1×8	1×16	1×32	1×64	1×128
光纤类型	G. 657.A						
工作波长/nm	1260~1650						
最大插入损耗/dB	≤4.1	≤7.4	≤10.5	≤13.8	≤17.1	≤20.4	≤23.7

续表

端口插损均匀性/dB		≤0.8	≤0.8	≤0.8	≤1.0	≤1.5	≤2.0	≤2.0
回波损耗/dB	输出端截止	≥50	≥50	≥50	≥50	≥50	≥50	≥50
	输出端开路	≥18	≥20	≥22	≥24	≥28	≥28	≥30
方向性/dB		≥55	≥55	≥55	≥55	≥55	≥55	≥55

注 ① 不带插头的光分路器的插入损耗在上面要求的基础上减少不小于 0.2 dB，其他指标要求相同；

② $2 \times N$ 均匀分光的光分路器的插入损耗在上面要求的基础上增加不大于 0.3 dB，端口插损均匀性是指同一个输入端口所对应的输出端口间的一致性，其他指标要求相同；

③ 入损耗在 1260～1300 nm 和 1600～1650 nm 波长区间的最大插入损耗在上面要求的基础上增加 0.3 dB。

4．产品形态及适用场合

1) 盒式光分路器

盒式光分路器采用盒式封装方式，端口为带插头尾纤型，一般安装在托盘、光缆分光分纤盒、光缆交接箱内，如图 1-2-16 所示。1/2:2/4/8/16/32 光分路器盒体的最大尺寸为 130 mm × 80 mm × 18 mm，1/2:64 光分路器盒体的最大尺寸为 130 mm × 80 mm × 29 mm。

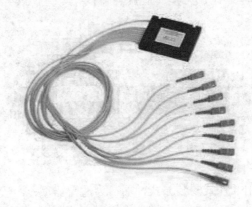

图 1-2-16 盒式光分路器

2) 机架式光分路器

机架式光分路器采用机架式封装方式，端口为适配器型，一般安装在 19 英寸的标准机架内，如图 1-2-17 所示。机架式光分路器的最大尺寸为 483 mm × 44.5 mm × 260 mm。

图 1-2-17 机架式光分路器

3) 微型光分路器

微型光分路器采用微型封装方式，端口可为不带插头尾纤型或带插头尾纤型，一般安装在光缆接头盒、插片式光分盒内，如图 1-2-18 所示。不带插头型微型光分路器最大封装尺寸为 70 mm × 12 mm × 6 mm；带插头型 1/2:2/4/8/16 微型光分路器的最大封装尺寸为 70 mm × 12 mm × 6 mm，1/2:32 微型光分路器的最大封装尺寸为 80 mm × 20 mm × 6 m，1/2:64 微型光分路器的最大封装尺寸为 100 mm × 40 mm × 6 mm。

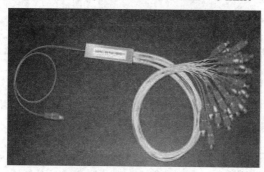

图 1-2-18　微型光分路器

4) 托盘式光分路器

托盘式光分路器采用托盘式封装方式，端口为适配器型，一般安装在光纤配线架、光缆交接箱内，如图 1-2-19 所示。1/2:2/4/8/16 分路器托盘占用 1 个 12 芯一体化托盘空间，1/2:32/64 分路器托盘占用 2 个 12 芯一体化托盘空间，其中 1/2:64 光分路器托盘需采用 LC 型适配器。

图 1-2-19　托盘式光分路器

5) 插片式光分路器

插片式光分路器采用插片式封装方式，端口为适配器型，一般安装在光缆分光分纤盒内以及使用插箱安装在光纤配线架、光缆交接箱、19 英寸标准机架内，如图 1-2-20 所示。插片式光分路器的基本插片单元外形尺寸为 130 mm × 100 mm × 25 mm，占 1 个槽位。

图 1-2-20　插片式光分路器

5. 常见故障处理

光分路器输出端的某个通道或者所有通道指标异常是最为常见的故障。通常情况下光分件不良的可能性比较小，主要集中在端口的连接器件上，而连接器又主要集中在插针体的端面上和适配器接口中。这种故障的一般处理方法如下：

(1) 对于带插头尾纤型端口，清洁异常通道的光纤活动连接器，清洁时应使用蘸有酒精的无脂棉纸，擦拭时应沿着陶瓷面的角度向一个方向擦拭，不应来回擦拭，以防止损坏端面。

(2) 对于适配器型端口，清洁异常通道的适配器，清洁时应使用专用擦拭棒蘸酒精后将适配器及其内部的插针体的端面进行清洁。

五、光缆分光分纤箱/盒

1. 光缆分纤箱/盒

1) 功能与适用场合

光缆分纤箱/盒是光缆的终端设备，用于光缆分配纤序和连接入户蝶形引入光缆或光跳纤的设备。一般安装于内、外墙和电杆上，其具体应用场景如图 1-2-21 所示。

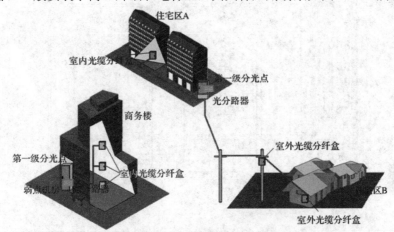

图 1-2-21　光缆分纤箱/盒的应用场景

2) 结构

光缆分纤盒采用双层结构，上层主要由 SC 型适配器组成，下层主要由光纤熔接盘片、光缆固定和接地装置及蝶形引入光缆盘绕固定装置组成。产品满足室内外壁挂和抱杆安装，其主要产品如表 1-2-2 所示。

表 1-2-2　光缆分纤盒类型规格表

序号	分类型号	光纤活动连接适配器数量	外形尺寸(高×宽×深)/mm
1	6 芯光缆分纤盒	6	250 × 170 × 70
2	12 芯光缆分纤盒	12	328 × 220 × 100
3	24 芯光缆分纤盒	24	440 × 280 × 115

光缆分纤盒的盒体防护性能达到 GB4208—2008 中 IP55 级要求，一般采用 PC 合金、SMC 等非金属材料制成，材料中加入抗紫外线添加剂，室外使用寿命可达 15 年。光纤分纤盒的结构如图 1-2-22 所示。

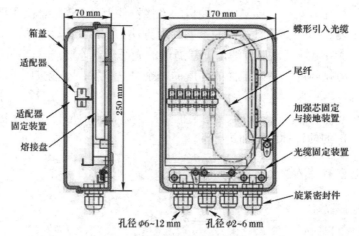

(a) 6 芯光缆分纤盒结构图

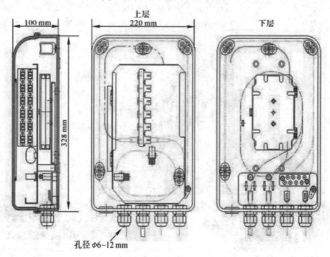

(b) 12 芯光缆分纤盒结构图

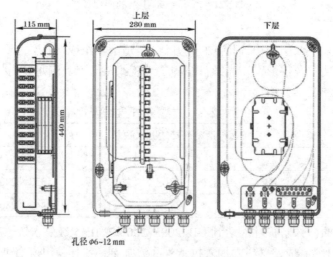

(c) 24 芯光缆分纤盒结构图

图 1-2-22　光缆分纤盒结构图

3) 安装方法

(1) 将所需布放的尾纤按图 1-2-23 所示的方式与适配器连接。

(2) 按图 1-2-23 所示的走线方式与位置，将尾纤引入光纤熔接盘进行熔接，光缆除在此熔接尾纤外还可对光缆进行分支。

(3) 熔接完毕后，用固定扣将尾纤绑扎固定。

(4) 将所需布放的蝶形引入光缆，从箱体下线缆孔进入箱体内。

(5) 从进线孔位置开始按图 1-2-23 所示的走线方式与位置，将蝶形引入光缆引至所需连接的适配器处，计算好长度后将多余的蝶形引入光缆剪除。

(6) 现场组装光纤活动连接器制成后，按图 1-2-23 所示的走线方式与位置整理蝶形引入光缆，并予以固定绑扎。

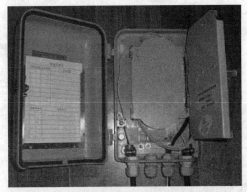
(a) 6 芯光缆分纤盒下层布线

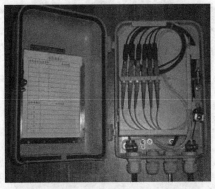
(b) 6 芯光缆分纤盒上层布线

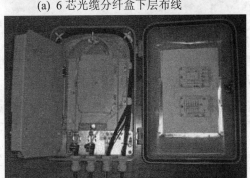
(c) 12 芯光缆分纤盒下层布线

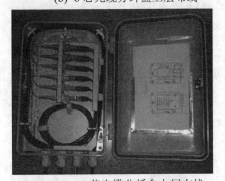
(d) 12 芯光缆分纤盒上层布线

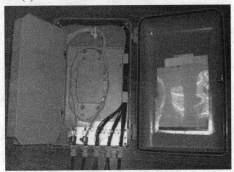
(e) 24 芯光缆分纤盒下层布线

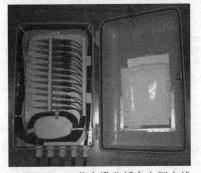
(f) 24 芯光缆分纤盒上层布线

图 1-2-23 光缆分纤盒实物图

2. 光缆分光分纤箱/盒

1) 功能与适用场合

光缆分光分纤盒主要用于安装光分路器并连接入户蝶形引入光缆的线路终端设备。光缆分光分纤盒一般设置在二级分光点，并可安装在内、外墙和电杆上，其具体应用场景如图 1-2-24 所示。

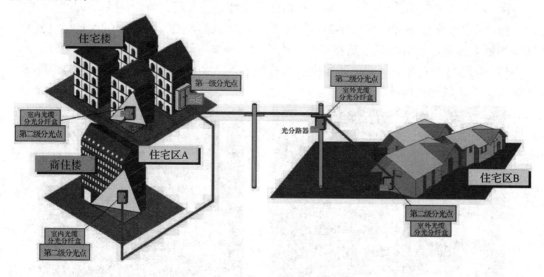

图 1-2-24　光缆分光分纤盒的应用场合

2) 产品种类与基本结构

光缆分光分纤盒采用模块化、免跳接结构，可通过灵活地增加插片式光分路器(以下简称光分插片)的数量来实现端口的扩容。一般光缆分光分纤盒采用挂墙、架空等安装方式，根据安装环境，产品可分为室外型和室内型，其主要产品如表 1-2-3 所示。

表 1-2-3　光缆分光分纤盒类型规格表

序号	分 类 型 号	基本光分插片单元数	外形尺寸/mm (高)×(宽)×(深)
1	室内挂壁式二槽位光缆分光分纤盒	2	350×340×100
2	室内挂壁式四槽位光缆分光分纤盒	4	460×340×100
3	室内壁嵌式二槽位光缆分光分纤盒	2	280×260×90
4	室内壁嵌式四槽位光缆分光分纤盒	4	345×260×90
5	室外光缆分光分纤盒	2	385×295×100

(1) 室内挂壁式光缆分光分纤盒。

室内挂壁式光缆分光分纤盒采用双层结构，上层主要由光分插片固定装置及蝶形引入光缆盘绕固定装置组成，下层配有光纤熔接盘片、上联尾纤的停泊装置以及光缆固定接地装置等。产品满足室内壁挂安装，盒体防护性能达到 GB 4208—2008 中 IP53 级要求，一般采用金属材料制成，产品结构如图 1-2-25 所示。

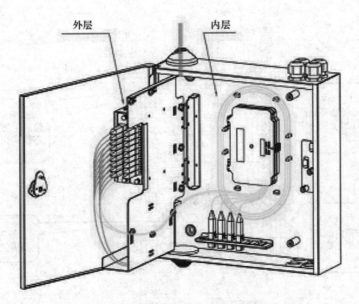

(a) 二槽位光缆分光分纤盒结构图

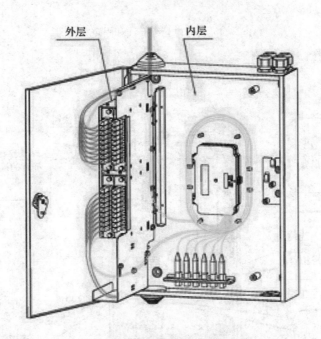

(b) 四槽位光缆分光分纤盒结构图

图 1-2-25　室内挂壁式光缆分光分纤盒结构图

　　光缆从盒体下层右侧上方或下方进入。光缆在开剥后用喉箍固定在光缆固定板上，同时固定好加强芯，并将金属挡潮层及加强芯接地。按要求将开剥后的光纤引入熔接盘进行熔接，光缆除在此熔接尾纤外还可对光缆进行分支，室内挂壁式光缆分光分纤盒能满足 4 根光缆同时进入。蝶形引入光缆在箱体内的布线和固定如图 1-2-26 所示。

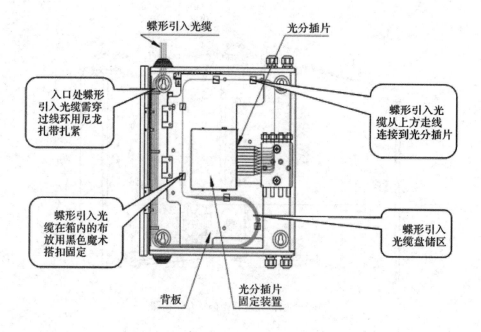

(a) 二槽位盒体内光缆布线和固定方式图

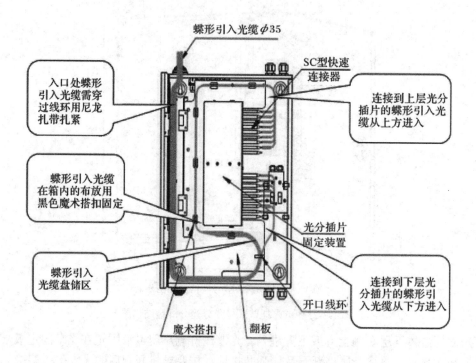

(b) 四槽位盒体内光缆布线和固定方式图

图 1-2-26　室内挂壁式光缆分光分纤盒内光缆布线和固定方式图

(2) 室内壁嵌式光缆分光分纤盒。

室内壁嵌式光缆分光分纤盒采用双层结构,上层主要由光分插片固定装置及蝶形引入光缆盘绕固定装置组成,下层配有光纤熔接盘片和上联尾纤的停泊装置以及配光缆的固定接地装置等。产品满足室内壁嵌安装,可装入外形尺寸大于 500 mm(高) × 450 mm(宽) × 150 mm(深)的嵌壁式箱体内,一般采用金属材料制成,产品结构如图 1-2-27 所示。

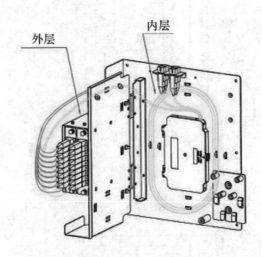

(a) 二槽位光缆分光分纤盒结构图

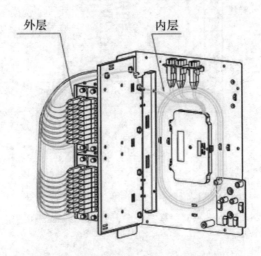

(b) 四槽位光缆分光分纤盒结构图

图 1-2-27 室内壁嵌式光缆分光分纤盒结构图

光缆在开剥后用喉箍固定在光缆固定板上,同时固定好加强芯,并将金属挡潮层及加强芯接地。按要求将开剥后的光纤引入熔接盘进行熔接,光缆除在此熔接尾纤外还可对光缆进行分支,室内壁嵌式光缆分光分纤盒能满足 4 根光缆同时进入。蝶形引入光缆在箱体内的布线和固定如图 1-2-28 所示。

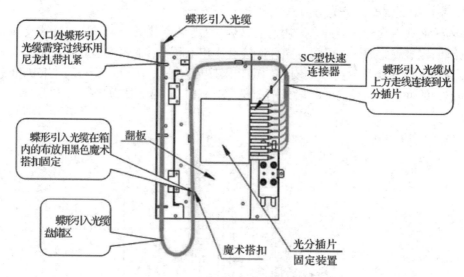

(a) 二槽位盒体内光缆布线和固定方式图

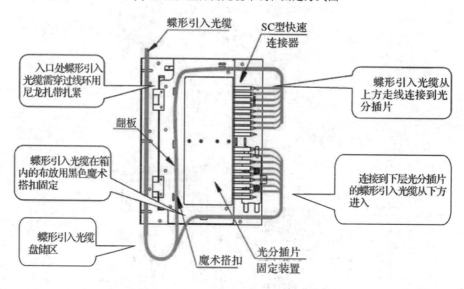

(b) 四槽位盒体内光缆布线和固定方式图

图 1-2-28　室内壁嵌式光缆分光分纤盒内光缆布线和固定方式图

(3) 室外光缆分光分纤盒。

室外光缆分光分纤盒采用双层结构,上层主要由光分插片固定装置和上联尾纤的停泊装置组成,下层配有光纤熔接盘片、光缆的固定和接地装置及自承式蝶形引入光缆固定装置等。产品满足室外壁挂和抱杆安装,盒体防护性能达到 GB 4208—2008 中 IP55 级要求,一般采用 SMC 等非金属材料制成,产品结构如图 1-2-29 所示。

室外光缆分光分纤盒能够同时满足 2 根光缆从箱体下层右侧下方进入,光缆在开剥后用喉箍固定在光缆固定装置上,同时固定好加强芯,并将金属挡潮层及加强芯接地。按要求将开剥后的光纤引入熔接盘进行熔接,光缆除在此熔接尾纤外还可对光缆进行分支。自承式蝶形引入光缆在箱体内的布线和固定如图 1-2-30 所示。

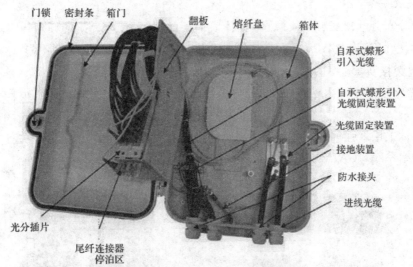

门锁 密封条 箱门　翻板　熔纤盘　箱体

自承式蝶形
引入光缆

自承式蝶形引入
光缆固定装置

光缆固定装置

接地装置

防水接头

进线光缆

光分插片

尾纤连接器
停泊区

图 1-2-29　室外光缆分光分纤盒结构图

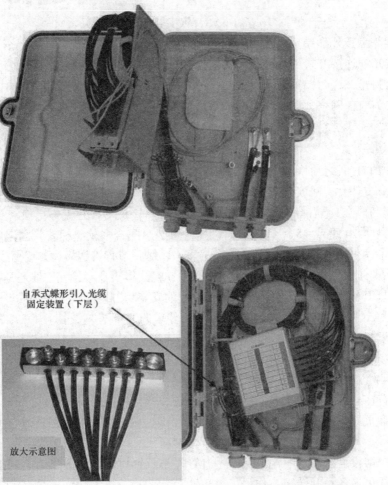

自承式蝶形引入光缆
固定装置（下层）

放大示意图

图 1-2-30　室外光缆分光分纤盒盒体内光缆布线和固定方式图

3）安装要求

光缆分光分纤盒安装必须稳固，箱体横平竖直，箱门应有完好的锁定装置，接地良好。光缆分光分纤盒的编号、光缆及纤序编写等标示正确、完整、清晰、整齐。

3. 光缆接头盒

光缆接头盒是相邻光缆间提供光学、密封和机械强度连续性的接续保护装置，如图1-2-31所示。它主要用于各种结构的光缆在架空、管道、直埋等敷设方式上的直通和分支连接。盒体采用增强塑料，强度高、耐腐蚀、结构成熟、密封可靠、施工方便，广泛用于通信、网络系统、CATV有线电视、光缆网络系统等。

图 1-2-31　光缆接头盒

光缆接头盒按外形结构可分为帽式和卧式；按光缆敷设方式可分为架空型、管道型和直埋型；按光缆连接方式可分为直通接续型和分歧接续型；按密封方式可分为热收缩密封型和机械密封型。

目前在FTTH网络部署中，我们最常用的有两类光缆接头盒。一类是同侧进出光缆的帽式接头盒；另一类是两侧进出光缆的直线式接头盒，亦称为卧式或哈夫式接头盒。

1）帽式接头盒

根据FTTH网络的特点，其接头盒应具有以下三个基本要素：

(1) 多分支附件。可实现将一个光缆进出口转化为2、4、6根光缆同时出入。

(2) 重复开启。无需特别工具，可快速重复开启接头盒，且无需更换密封材料。

(3) 12型、24型或48型翻叶式熔接托盘可选。配合多款热缩套管固定座，可用于各种光纤的存储，并可在熔接托盘上放置分光器，以达到节省管道资源、减少故障点的功能。

自从最早的帽式接头盒在1986年面世以来，帽式接头盒不论在干线还是在接入网的建设中，一直以其优异的性能、可靠的连接、快速的安装和方便的维护在外线设施中得到大规模的应用。帽式接头盒必须具备FTTH网络所要求的三个基本要素，其主要特点如下：

(1) 外形尺寸为410 mm × Φ150 mm(不含卡箍)，最大可安装4张熔接盘，最大接续容量为96芯。外形尺寸为540 mm × Φ150 mm(不含卡箍)，最大可安装6张熔接盘，最大接续容量为144芯。

(2) 具有在一端绞接的页式熔接盘，方便安装及日后的维护管理。

(3) 其翻页式熔接盘可提供光纤的弯曲半径保护，可根据实际需要进行大圈收容或小圈收容。

(4) 各个熔接盘互不影响，避免了过渡管打结导致损耗增加，如图1-2-32所示。

(5) 光纤可在各盘间转接，加强了灵活性。

图 1-2-32 页式熔接盘隔离

(6) 机械密封和热缩密封相结合。壳体和基座采用 O 型密封圈密封，光缆和基座采用热缩管密封，壳体可反复多次重复开启。

(7) 锁紧装置采用卡箍固定，方便重复开启，性能可靠。

(8) 多个独立的配线光缆进出口和一个椭圆型主干进出缆口。

(9) 使用专用的分支叉配合收缩比达 1∶8 的热缩管，可快速密封椭圆型口的过路光缆。

(10) 适合多种直径规格的光缆。对椭圆型口，适用于 10～25 mm 的过路光缆。对分支光缆口，适用于 4～11 mm 的分支光缆。

(11) 适用于架空、管道、直埋等各种场合和松套、骨架、带状等光缆。架空安装如图 1-2-33 所示。

图 1-2-33 架空安装

(12) 可对光缆进行桥接、分配、分支和修理。

(13) 可兼容光分路器等光无源器件的安装，如图 1-2-34 所示。

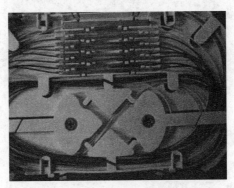

图 1-2-34 兼容光无源器件安装

2) 直线式光缆接头盒

为通信外线网络中光缆机械接续和密封保护而设计的直线式接头盒，可应用于架空、管道、直埋等各种场合。直线式接头盒配备光缆进缆附件及大芯数的光纤熔接盘，最大容量可达 96 芯(带状 192 芯)。盒体采用粘胶条密封，可多次重复开启，无需更换密封材料，满足 FTTH 网络的三个基本要素。其主要特点如下：

(1) 机械方式凝胶密封，直线式设计，适用于架空、管道、直埋等各种应用场合。

(2) 两端各有两个光缆进口，分缆附件供选择，如图 1-2-35 所示。

(3) 适用于各种类型的光缆，例如层绞式光缆、中心束管或骨架式光缆。

(4) 一般用于 12～72 芯光缆接续，极限容量可扩展到 192 芯。

(5) 光缆进出口采用凝胶条密封，无需加热，无需更换密封材料。

图 1-2-35　光缆进口

(6) 由于整个盒体采用凝胶密封，所以开启或关闭无需特别工具，无需重复开启套件。

(7) 采用方便的卡扣装置，其卡扣式设计便于接头盒安装和重复开启，减少了操作人员拧螺丝的烦恼，更降低了人为因素对密封性能所造成的影响。

(8) 翻页式的熔接盘，方便查找光路和进行割接，且有多种款式的翻页式的熔接盘可供选择。

(9) 根据需要其翻页式的熔接盘可安置分光器。

(10) 可加装气门和接地线，满足干线网络要求。

(11) 密度大、外形尺寸为 368 mm × 182 mm × 106 mm 的直线式接头盒，最大容量为 96 芯(带状 192 芯)。

(12) 可配合专为 FTTH 网络而设计的入户光缆分支组件，每个光缆口可分支 6 根圆缆 (0～5 mm)或 8 字缆、4 根圆缆(7～9 mm)。

3) 应用场景

帽式接头盒和直线式接头盒均可用于外线设施的架空、管道、直埋等各种应用场合，如图 1-2-36 所示。

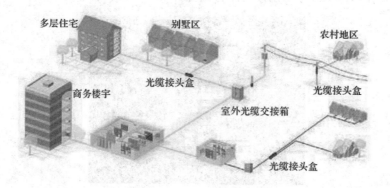

图 1-2-36　接头盒应用场景

(1) 架空安装。接头盒可悬挂安装在任何钢丝绳索上，如图 1-2-37 所示。

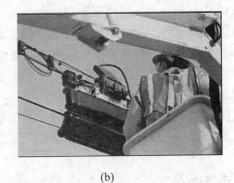

(a) (b)

图 1-2-37 接头盒架空安装

(2) 管道安装。配合各种安装件，可将帽式接头盒或直线式接头盒安装在各种人井或手孔中，如图 1-2-38 所示。

图 1-2-38 接头盒管道安装

(3) 直埋安装。直埋安装方式完全符合信息产业部标准 YD/T814.1(光缆接头盒)的检测标准和白蚁侵蚀检测报告。

(4) 干线解决方案。干线解决方案适用于最大 144 芯带状光缆和 96 芯束状光缆。

(5) 别墅区解决方案。对于别墅区的 FTTH 解决方案，可在所选的帽式或直线式接头盒中设置光分路器，如图 1-2-39 所示。

(a) (b)

图 1-2-39 别墅区光缆接头盒的应用

4) 安装注意事项

(1) 帽式接头盒安装注意事项：

① 适用于温度为 −1～45℃ 环境中的安装。

② 必须注意保持施工环境的清洁以便进行光纤的熔接和确保密封材料的密封性能。

③ 安装接头盒光缆入口的密封热缩管时不可用明火，应使用热风枪(350℃以上)。

(2) 直线式接头盒安装注意事项：

① 适用于温度为 −5～40℃ 环境中的安装。

② 必须注意保持施工环境的清洁以便进行光纤的熔接和确保密封材料的密封性能。

六、光纤光缆

1. 光纤的概念

光纤是光导纤维(Optical Fiber)的简称，它是由玻璃、塑料和晶体等对某个波长范围透明的材料制成的、能传输光的纤维，是一种介质光波导，具有把光封闭在其中进行传播的导波结构。光纤主要由纤芯、包层和涂覆层三部分组成，如图 1-2-40 所示。

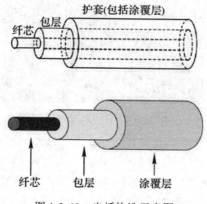

图 1-2-40　光纤构造示意图

(1) 纤芯的作用是传导光波。

(2) 包层的作用是将光波封闭在光纤中传播。纤芯和包层均由石英材料构成，只不过是为了形成光波导效应，必须使纤芯折射率高于包层折射率(即 $n_1 > n_2$)，因而两者石英材料的掺杂情况不同。

(3) 涂覆层的作用是保护光纤不受水汽的侵蚀和机械的擦伤，同时增加光纤的柔韧性，它一般采用环氧树脂或硅橡胶。在涂覆层外，有时为了增加光纤的机械强度，满足成缆要求，在涂覆层外面还加有塑料外套。

2. 光纤导光原理

光纤导光原理如图 1-2-41 所示。由折射定理 $n_1\sin\theta_1 = n_2\sin\theta_2$ 可知，只有当光从折射率大的介质射入折射率小的介质时，即 $n_1 > n_2$ 时，才能产生全反射。例如，当光从玻璃射入空气时能产生全反射。普通光纤是在纤芯材料(SiO_2)中掺杂少量的 Ge，使得纤芯的折射率略微高出包层的折射率，满足光的全反射条件。

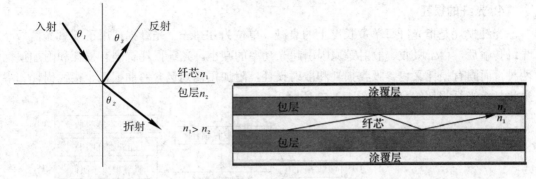

图 1-2-41 光纤导光原理

3. 光纤的种类

1) 按其本身材料分类

(1) 石英系光纤：损耗低、强度大、可靠性好，但价格较高。

(2) 石英芯塑料层光纤：价格较低。

(3) 多成分玻璃光纤：损耗较低，但可靠性也较差。

(4) 塑料光纤：工艺简单、成本低，但损耗较大、可靠性较差。

2) 按光纤横截面上折射率分布状况分类

(1) 阶跃型光纤：光纤纤芯的折射率和保护层的折射率都是一个常数。 在纤芯和保护层的交界面，折射率呈阶梯形变化。

(2) 渐变型光纤：光纤纤芯的折射率随着半径的增加按一定规律减小，在纤芯与保护层交界处减小为保护层的折射率。纤芯折射率的变化近似于抛物线。

3) 按光纤内部允许激励的电磁场总模数分类

(1) 单模光纤：纤芯直径很小，在给定的工作波长上只能以单一模式传输，传输频带宽，传输容量大。

(2) 多模光纤：在给定的工作波长上，能以多个模式同时传输。与单模光纤相比，多模光纤的传输性能较差。

4) 按使用波长分类

(1) 短波长光纤：波长为 850 nm 的光纤。

(2) 长波长光纤：波长为 1310 nm、1490 nm 的光纤。

(3) 超长波长光纤：波长为 1550 nm、1625 nm 的光纤。

5) 按 ITU-T 或 IEC 文号分类

(1) G.651：多模光纤。

(2) G.652：零色散点在 1310 nm 波长左右的单模光纤。

(3) G.653：零色散点在 1550 nm 波长左右的单模光纤。

(4) G.654：截止波长位移单模光纤。

(5) G.655：非零色散位移单模光纤。

(6) G.656：宽带光传送的非零色散光纤。

(7) G.657：接入网用弯曲衰减不敏感单模光纤。

4. 光纤的损耗

光纤损耗是指光纤每单位长度上的衰减，单位为 dB/km。光纤损耗用于衡量光信号经光纤传输后，由于吸收、散射等原因引起光功率的减小。光纤损耗有固有损耗和附加损耗两种，而固有损耗又包含吸收损耗和散射损耗，附加损耗则包含弯曲损耗、接续损耗和耦合损耗。光纤损耗的分类如图 1-2-42 所示。

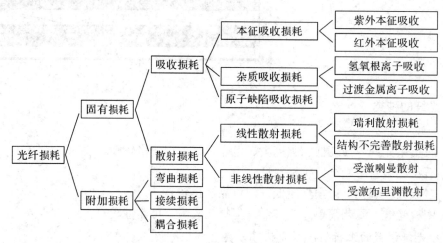

图 1-2-42　光纤的损耗

在实际应用中，与接入网工程建设及维护最为相关的损耗有以下几种：① 弯曲损耗；② 接续损耗；③ OH-吸收。

光纤传输有三个低损耗窗口：0.85 μm、1.31 μm 和 1.55 μm 窗口，1.31 μm 波长的最低损耗可达 0.35 dB/km 以下，1.55 μm 波长的最低损耗可低达 0.15 dB/km。

5. 光纤的色散

光纤的色散是指光脉冲展宽的现象，用时延差表示。色散越严重，时延差越大，脉冲展宽越大。

光纤的色散有三种，分别为：

(1) 模式色散：由于各模式的轴向速度不同引起的色散。

(2) 材料色散：材料的折射率随传输光波的频率变化引起的色散。

(3) 波导色散：几何结构引起的色散。

一般是模式色散最大，材料色散次之，波导色散最小。单模光纤则无模式色散。1.31 μm 波长的材料色散和波导色散抵消，故称 1.31 μm 为零色散波长点。

目前单模石英光纤传输带宽为 1260～1675 nm，共有 6 个波段。

6. 光纤通信的特点

与铜缆、微波通信比较，光纤通信具有如下特点：

(1) 优点：① 传输容量大；② 传输损耗低、距离长；③ 保密性能好；④ 适应能力强；⑤ 体积小、重量轻，便于施工维护；⑥ 原材料丰富，价格低廉。

(2) 缺点：① 质地脆，机械强度差；② 光纤切断和接续需要一定的工具、设备和技术；③ 分路、耦合不灵活；④ 弯曲半径不能过小。

7. 光缆的结构

光缆由缆芯、加强元件和护层组成。

(1) 缆芯：光缆结构的主体，主要用于妥善安置光纤。缆芯结构可分为层绞式、骨架式、带式和束管式四种。

(2) 加强芯：加强芯主要承受敷设安装时所加的外力，一般放置在缆芯中心，也可放置在护层中。

(3) 护层：主要是对已成缆的光纤芯线起保护作用，避免受外界机械力和环境损坏。护层可分为内护层(多用聚乙烯或聚氯乙烯等)和外护层(多用铝带和聚乙烯组成的 LAP 外护套加钢丝铠装等)。

光缆还必须有防止潮气浸入光缆内部的措施，常见的有两种：一种是在缆芯内填充油膏，称为充油光缆；另一种是采用主动充气方式，称为充气光缆。常用光缆结构如图 1-2-43 所示。

(a) 层绞式光缆结构

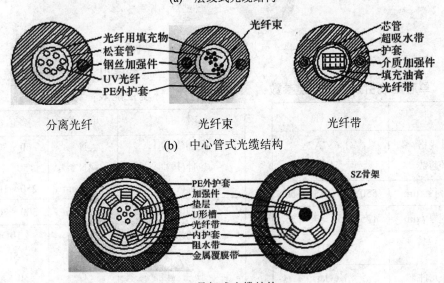

(b) 中心管式光缆结构

(c) 骨架式光缆结构

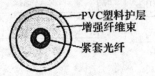

(d) 单芯软光缆

图 1-2-43 常用光缆结构图

8. 皮线光缆

皮线光缆又叫蝶形光缆、FTTH 入户段光缆，也叫接入网用蝶形引入光缆，它是一种新型用户接入光缆。皮线光缆依据应用环境和敷设条件不同，合理地设计了结构和各项技术参数，并使用专用设备配合精密模具生产。这种光缆集合了室内软光缆和自承式光缆的特点，可在组建智能大楼、数字小区、校园网、局域网等网络中发挥其独特的作用。其特点如下：

(1) 光缆外径小、重量轻、成本低、柔软性能和弯曲性能好，应用广泛。

(2) 轻便易敷设、施工成本低、速度快、灵活快捷。

(3) 光缆有很高的抗压扁力和抗张力，自承式结构能满足 50 m 以下飞跨拉设。

(4) 采用 FRP 加强材料，确保光缆在室外使用时对雷击和强电环境的安全要求。

(5) 采用无卤阻燃材料，达到光缆在室内使用对阻燃性能的要求。

(6) 紧套结构使产品既无油膏污染又有很好的防水要求。

常用的蝶形光缆有：

(1) 单芯配线引入室内光缆，其结构图如图 1-2-44 所示，其参数如表 1-2-4 所示，其机械和环境性能如表 1-2-5 所示。

涂覆光纤
紧套被覆层
加强构件
护套

图 1-2-44　单芯配线引入室内光缆结构图

表 1-2-4　单芯配线引入室内光缆参数

项　目		指　标
光纤规格		G. 657A2
光纤芯数		1
紧套光纤	外径 / μm	550 ± 50、850 ± 50
	壁厚 / μm	175 ± 25、275 ± 25
	材料	LSZH
加强元件		Kevlar
护套	外径 / mm	2.0 ± 0.1～3.0 ± 0.1
	材料	LSZH

表 1-2-5　单芯配线引入室内光缆机械和环境性能表

项　目	单　位	多值数
拉伸(长期)	N	60～300
拉伸(短期)	N	150～600
压扁(长期)	N/10 cm	250～1000
压扁(短期)	N/10 cm	500～2000
最小弯曲半径(动态)	mm	10D
最小弯曲半径(静态)	mm	5D
使用温度	℃	−30～+60
安装温度	℃	−40～+60
储藏/运输温度	℃	−40～+60

(2) 多芯配线引入室内光缆，其结构图如图 1-2-45 所示，其参数如表 1-2-6 所示，其机械和环境性能如表 1-2-7 所示。

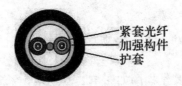

图 1-2-45 多芯配线引入室内光缆结构图

表 1-2-6 多芯配线引入室内光缆参数

项 目		指 标
光纤规格		G. 657A2
光纤芯数		2~4
紧套光纤	外径 / μm	550
	壁厚 / μm	175 ± 25、275 ± 25
	材料	LSZH
加强元件		Kevlar
护套	外径 / mm	3.0 ± 0.1~3.5 ± 0.1
	材料	LSZH

表 1-2-7 多芯配线引入室内光缆机械和环境性能

项 目	单 位	参数值
拉伸(长期)	N	60~300
拉伸(短期)	N	150~600
压扁(长期)	N/10 cm	250~1000
压扁(短期)	N/10 cm	500~2000
最小弯曲半径(动态)	mm	10D
最小弯曲半径(静态)	mm	5D
使用温度	℃	−30~+60
安装温度	℃	−40~+60
储藏/运输温度	℃	−40~+60

(3) 自承式架空引入室内光缆，其结构图如图 1-2-46 所示，其参数如表 1-2-8 所示，其机械和环境性能如表 1-2-9 所示。

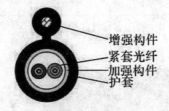

图 1-2-46 自承式架空引入室内光缆结构图

表 1-2-8 自承式架空引入室内光缆参数

项 目		指 标
光纤规格		G. 657A2
光纤芯数		1~2
紧套光纤	外径 / μm	550 ± 50、850 ± 50
	壁厚 / μm	175 ± 25、275 ± 25
	材料	LSZH
加强元件		Kevlar
护套	外径/mm	3.0 × 5.6 ± 0.1
	材料	LSZH

表 1-2-9 自承式架空引入室内光缆机械和环境性能

项 目	单 位	参数值
拉伸(长期)	N	300
拉伸(短期)	N	600
压扁(长期)	N/10 cm	1000
压扁(短期)	N/10 cm	2000
最小弯曲半径(动态)	mm	10D
最小弯曲半径(静态)	mm	5D
使用温度	℃	−30~+60
安装温度	℃	−40~+60
储藏/运输温度	℃	−40~+60

9. 蝶形引入光缆

目前蝶形光缆结构大体上有三种：普通蝶形引入光缆、自承式蝶形引入光缆、管道式蝶形引入光缆。

(1) 普通蝶形引入光缆，其结构图如图 1-2-47 所示，其规格如表 1-2-10 所示。

图 1-2-47　普通蝶形引入光缆结构图

表 1-2-10　普通蝶形引入光缆规格

项　　　目		参　　数
光纤类型		G.657A2
光纤数量		2～4
着色光纤直径 / μm		250 ± 15
加强元件规格/mm	GFRP	0.45～0.5
	KFRP	0.5～0.6
	钢丝	0.5
光缆外形尺寸/mm		(3.0 ± 0.1) × (2.0 ± 0.1)
护套材料		LSZH

(2) 自承式蝶形引入光缆，其结构图如图 1-2-48 所示，其规格如表 1-2-11 所示。

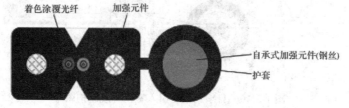

图 1-2-48　自承式蝶形引入光缆结构图

表 1-2-11　自承式蝶形引入光缆规格

项　　　目		参　　数
光纤类型		G. 657A2
光纤数量		2
着色光纤直径 / μm		250 ± 15
自承式加强元件规格		1.0(钢丝)
加强元件规格/mm	GFRP	0.45～0.5
	KFRP	0.5～0.6
	钢丝	0.5
光缆外形尺寸/mm		(5.1 ± 0.1) × (2.0 ± 0.1)
护套材料		LSZH

(3) 管道式蝶形引入光缆，其结构图如图 1-2-49 所示，其规格如表 1-2-12 所示。

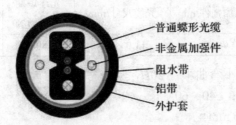

图 1-2-49 管道式蝶形引入光缆结构图

表 1-2-12 管道式蝶形引入光缆规格

光缆规格 / mm		7.0 ± 0.2
内蝶形光缆规格 / mm		$(3.0 \pm 0.1) \times (2.0 \pm 0.1)$
内蝶形光缆 加强元件规格/mm	GFRP	$0.45 \sim 0.5$
	KFRP	$0.5 \sim 0.6$
	钢丝	0.5
内蝶形光缆材料		LSZH
非金属加强件/mm		$1.0 \sim 1.2$
阻水带宽度/mm		25
铝塑复合带宽度/mm		17
着色涂覆光纤尺寸/μm		250 ± 15
光缆外形尺寸/mm		7.0
外护套材料		PE

(4) 8 字形自承式铠装蝶形引入光缆，其结构图如图 1-2-50 所示，其典型技术参数如表 1-2-13 所示。

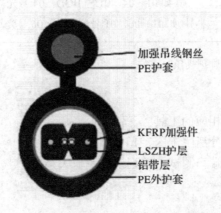

图 1-2-50 8 字形自承式铠装蝶形引入光缆结构图

表 1-2-13　典型技术参数

结构	芯数	金属加强件/mm	光缆尺寸/mm	光缆短期拉伸力/N	光缆长期拉伸力/N	单位重量/(kg/km)
GJYXC8A	1~4	$\Phi 1.0$	11.0×7.0	800	400	45

说明：① 光缆静态最小弯曲半径 $20H$，动态弯曲半径 $7.5H$，H 为光缆的短轴长。

② 光缆适用温度范围：$-40 \sim 60℃$。

③ 钢丝外护壁厚：0.6 mm。

④ 蝶形光缆 PE 护套壁厚：0.8 mm。

◇◇◇◇　**实 践 项 目**　◇◇◇◇

试题　光缆交接箱跳纤及测试

1. 任务描述

用户 A 在电信部门申请了宽带业务，装维经理 B 接到电信工单后，需要按照资源上的工单信息找到所对应的光缆交接箱及交接箱内的资源信息，用光功率计对所对应的端口进行功率测试，选择合适长度的跳纤，完成光缆交接箱主干与配线的跳接(含 OBD 端口)。

资源信息如下：

```
============客户信息============
          客户名称:A
      业务号码:_____　（如 588）
装机地址:湖南邮电职业技术学院线路楼三网融合末端装维实验室
          ============资源信息============
          交接箱名称:GJ001
主干端口:_____　（如 01~06，01 号分配盘，06 号光端口）
OBD 编码:_____　（如 01~04，01 号 BOD，04 号光端口）
配线端口:_____　（如 01~06，01 号分配盘，06 号光端口）
```

注：空白处抽签后由考评老师现场填写。

2. 任务要求

(1) 清点好工具包，带齐相应的工具；

(2) 在交接箱箱体板上，分清主干区、光分单元区与配线区，找到相对应的端口；

(3) 用光功率计仪表进行端口测试，并记录功率值大小；

(4) 选择合适的跳纤；

(5) 正确进行各端口跳接；

(6) 上下联光端口的测试与比较；

(7) 跳纤的收容处理。

3. 实施条件

项　目	基本实施条件	备　注
场地	通信网络构架健全，室外线路及设备敷设与安装齐全有效，室内场景尽量与实际结合，分线设备距用户距离不超过 150 m。三网融合末端装维实训室一间，工位 10 个	必备
设备	局端 DSLM 设备、室外一体化机柜或交接箱、光分路器箱 10 个、电话机 10 个、电脑 10 台、电视 10 台、语音/数据分离器 10 个、Modem10 个、电话接线盒 10 个	必备
仪表	查线机、寻线仪、ADSL 测试仪等。红光光源、激光光源、光功率计等	必备
工具	跳线枪、斜口钳、尖嘴钳、起子、楼梯、脚扣、综合布线工具包、人字梯等各 11 套	必备（已考虑备用）
材料	自承式蝶形引入光缆、蝶形引入光缆、SC 光纤活动端接头、跳线、分离器、末端线缆(电话皮线、超五类线)、卡钉扣 10 盒、橡胶封堵泥 1 袋、RJ11 水晶头 1 袋、RJ45 水晶头 1 袋	必备（已考虑备用）

4. 考核时间

考试时间：120 分钟。

5. 评价标准

评价内容	配分	考 核 点	扣　分	备　注
职业素养与操作规范(20 分)	5	做好安装前的工作准备：做好仪器仪表、工具、器件的清点，并摆放整齐，必须穿戴劳动防护用品和工作服	仪器仪表、工具、器材不齐，未穿戴劳动防护用品和工作服扣 1 分/项	出现明显失误造成器材或仪表、设备损坏等安全事故，严重违反考场纪律，造成恶劣影响的，本大项记 0 分
	10	采用合理的方法，正确选择并使用工具、器材	工具选择和使用不正确扣 3 分/件	
	5	1. 具有良好的职业操守、做到安全文明生产，有环保意识； 2. 保持操作场地的文明整洁； 3. 任务完成后，整齐摆放工具及凳子、整理工作台面等并符合要求	工位整理不到位扣 2 分	

续表

评价内容		配分	考 核 点	扣 分	备 注
作品(80分)	端口测试	25	1. 能选择正确的仪表； 2. 能选择正确的光波长； 3. 跳纤端口清洁； 4. 功率值记录准确	工具选用不正确扣 5 分/件；波长选择不正确扣 5 分/次；跳纤端口未清洁扣 5 分/次；功率值记录不正确扣 5 分/次；扣完为止	
	端口跳接	25	1. 跳纤长度； 2. 跳纤端口类型； 3. 端头清洁； 4. 端帽收纳	跳纤长度不合理扣 15 分；端口类型不正确扣 25 分；端头未清洁扣 5 分/次；端帽丢弃扣 5 分/个。扣完为止	
	余纤收容	20	1. 弯曲半径； 2. 整齐美观	弯曲半径不符合规范扣 20 分；不整齐美观扣 5～10 分；扣完为止	
	结果报告	10	根据步骤和操作结果，写出任务操作报告	报告不完整扣 5～10 分	

◇◇◇◇ 过 关 训 练 ◇◇◇◇

1. PON 系统采用( )技术，实现单纤双向传输。

A. WDM   B. TDM   C. 广播技术   D. CDM

2. 局端 PON 口输出 1.25 GHz 带宽的光信号，为了保证用户使用 32 MHz 以上带宽，可以选择( )。

A. 1：16 分光器   B. 1：32 分光器   C. 1：64 分光器   D. 1：128 分光器

3. PON 上行 e8-C 终端的主要应用场景为( )。

A. 实现了光纤入户，且在光纤接入点放置无线 AP 能够满足家庭无线覆盖需求

B. 实现了光纤入户，但光纤接入点(楼道、信息箱内等)放置无线 AP 不能完全满足家庭应用的覆盖需求

C. 光纤不能入户，光纤接入点在用户门口或楼道

D. 单语音及低端用户

4. 为了分离同一根光纤上多个用户的来去方向的信号，采用以下两种复用技术：下行数据流采用( )技术；上行数据流采用 TDMA 技术。

A. WDM   B. 传输   C. 物理   D. 广播

5. EPON 在网络中的位置属于(　　)。

A. 核心网　　　　　　B. 接入网　　　　　C. 用户驻地网　　　　　D. 传输网

6. EPON 的组网模式为(　　)。

A. 点到点　　　　　　B. 多点到点　　　　C. 多点到多点　　　　　D. 点到多点

7. (　　)是指将光网络单元安装在住家用户或企业用户处,是光接入系列中除 FTTD(光纤到桌面)外最靠近用户的光接入网应用类型。

A. FTTO　　　　　　B. FTTB　　　　C. FTTH　　　　　　D. FTTC

8. EPON 目前可以提供上下行对称带宽(　　)。

A. 1.25 Gb/s　　　　　B. 2.0 Gb/s　　　　　C. 2.5 Gb/s　　　D. 10 Gb/s

9. 在交接箱中连接主干纤和配线纤的光缆是(　　)。

A. 多芯光缆　　　　　B. 双芯光缆　　　　C. 单芯光缆　　　　D. 裸纤

10. 光缆交接箱具备(　　)等基本功能。

A. 光信号放大、光缆成端固定、尾纤熔接存储

B. 光信号放大、光缆成端固定、光路调配

C. 光缆成端固定、尾纤熔接存储、光路调配

D. 光信号放大、尾纤熔接存储、光路调配

项目二　业务放装

任务 1　ADSL 放装

【任务要求】

(1) 识记：

- 了解末端装维业务的受理流程；
- 掌握 ADSL 的放装流程及安全操作规范；
- 掌握熟悉各业务的开通流程和用户预约流程。

(2) 领会：

- 能够根据实际用户需求情况确定具体放装流程；
- 能够根据不同场景来进行规范标准业务放装。

【理论知识】

一、ADSL 技术简介

1. ADSL(非对称数字用户线)技术简介

ADSL(Asymmetric Digital Subscriber Line)即非对称数字用户线技术，它利用现有的一对双绞铜线(即普通电话线)为用户提供上、下行非对称的传输速率(带宽)。从理论上讲，ADSL 能够向终端用户提供 8 Mb/s 的下行传输速度和 640 kb/s 的上行传输速度，但由于目前受到电话网络和 Internet 体系的种种限制，实际上这样的速率是很难达到的。最大的问题是由于目前双绞铜线的规格、长度、状态比较复杂，需要迅速确认某一特定的线路是否具备支持 ADSL 传输的性能，并且随着 ADSL 应用的不断增加，大量线路需要时时测试，利用传统方法测试相关参数需要多块仪表，耗费时间长，已不适应需要。因此，选用一种经济实惠的手持式 ADSL 线路测试仪，快速准确地确认用于 ADSL 传输的双绞线的质量，对于运营商提高运行维护质量和效益、降低费用非常重要。

在普通电话线两端各加一个 ADSL Modem 就形成了一条 ADSL 线路，在这条线路上分为三个信道：下行信道(最高为 8 Mb/s)、上行信道(最高 800 kb/s)和普通电话信道(POTS)，POTS 和上行及下行信道用分离器(splitter)分隔。这样，ADSL 传输时就不影响普通电话的使用。ADSL 功能参考模型如图 2-1-1 所示。

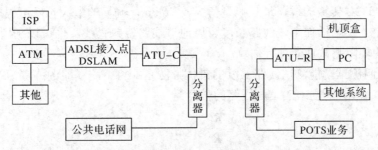

图 2-1-1 ADSL 功能参考模型

ADSL 采用离散多载波调制(DMT)技术，包括 256 个子载波信道，每个子载波信道占 4.3125 kHz 带宽，总带宽达 256 × 4.3125 = 1104 kHz。

Bin1(通道一)用于话音传输，Bin2～Bin6 被话音分割滤波器过渡带占用，一般从 Bin7 开始直至 Bin31 用于上行传输，FDM 的分割滤波器的过滤频带常占用 Bin32～Bin37，Bin38 到 Bin256 用于下行传输。

每个子信道采用 QAM 调制技术，每个子信道最多传输 15 bit，ADSL Modem 可根据各个频段上信噪比的情况自适应地调节相对子信道上传输的比特数多少。DMT 技术相当于使用了 256 个子 Modem，它可以实时地根据线路情况关闭或开通某个子信道或调节子信道上传输的比特数。每个子载波所调制的比特数为 2～15，所调制的比特数越多，要求的信噪比就越高。

2. 影响 ADSL 传输的几个主要因素

1) 桥接抽头(Bridge Taps)

所谓桥接抽头，是指跨接在双绞铜线上的未用的支路线路，靠近 ADSL Modem 附近的桥接抽头上的反射信号具有一定的功率，可能会抵消从远端传来的有用信号脉冲，加重回波抵消的负担。电信总局规定：抽头数不应超过 2 个；每个抽头长度不应超过 500 m；抽头点至线路两端的距离要大于 400 m。

在开通 ADSL 业务时，应该事先了解线路状况，并尽可能地避开含桥接抽头的线路。

2) 线路长度

ADSL 利用了双绞铜线上的高频特性(1.1 MHz)，线径越细，衰减越大；铜线越长，高频部分的衰减越大。一般来说，线路越长，ADSL 的传输速率越低。ADSL 的传输速率与线路长度的关系如表 2-1-1 所示。

表 2-1-1 ADSL 的传输速率与线路长度的关系

下行速率/(Mb/s)	0.5 mm 线径	0.4 mm 线径
1.544	5400 m	4500 m
2.048	4800 m	3600 m
3.088	待定	待定
4.096	待定	待定
4.632	4200 m	3600 m
6.312	3600 m	2700 m
8.448	2700 m	待定

能应用 ADSL 传输的线路最长典型值为 4~6 km，确切的最大长度可根据铜线规格、线路条件而定。实际操作中，线路长度可以通过线路资料查找，也可以利用 ST311DMM 测试菜单下的环阻测试功能进行估算。

(1) 用环阻测试功能测试线路长度的具体方法是：将待测线路的终端短接，测得线路的实际环阻值为 R_L(单位：Ω)，则线路的长度为

$$L = \frac{R_L}{R_0} \quad (km) \qquad ①$$

①式中，R_0 为每公里线路的环阻值。一般规格为 0.32 mm 的铜线 $R_0 = 435.2\ \Omega$，规格为 0.4 mm 的铜线 $R_0 = 278.5\ \Omega$，规格为 0.5 mm 的铜线 $R_0 = 178.3\ \Omega$。

例如：测得某线路的实际环阻值为 975 Ω，对于规格为 0.4 mm 的铜线，根据公式①计算得线路总长为 3.5 km。

(2) 用电容测试功能测试线路长度的具体方法是：断开待测线路同局端、用户端的任何连接，同时保持待测线对两端开路，测得线路的实际电容值为 C_{ab}(单位：nF)，则线路的长度为

$$L = \frac{C_{ab}}{C_0} \quad (km) \qquad ②$$

②式中，C_0 为每公里线路的电容值(单位：nF)，一般常用的市话通信电缆每公里的线间电容值为 $C_0 = 51\ nF$。

例如，测得聚乙烯通信电缆电容值为 180 nF，该电缆每公里的容性参数为 51 nF，根据公式②计算，得线路总长度为 3.5 km。

3) 加感线圈(Load Coils)

如果双绞铜线只用于普通电话业务，当线路过长时，为了保持在 3 kHz 带宽内线路频谱的平坦度，往往接上一个或多个加感线圈。加感线圈与线路的分布电容构成了低通滤波器特性，改善了话音传输，但加剧了高频信号衰减。因此在开通 ADSL 业务时，应该事先将加感线圈取出。

4) 噪声和干扰

噪声和干扰来自多个方面，其中有来自于同一线束内其他传输数字信号线对的串扰(Cross Talk)，例如：电路中摘/挂机信号和振铃信号的串扰；来自 PCM 信号、基带 Modem 信号、SDSL/HDSL 等频带较宽的非话信号的串扰；开放 ADSL 线对之间的串扰，特别是近端串扰，可能由于铜线屏蔽不好，信号功率过强或线路不平衡均会影响线路上的信噪比。同时，50 Hz 的电力线或无线电的感应也会影响线路的信噪比。这些噪声和干扰的大小与线路质量(绝缘、纵向平衡度等)、敷设方式和屏蔽程度、线对在电缆中的相对位置、电缆中非话业务的比例等有关。信噪比低会影响 ADSL 的数据传输速率。

3. 物理层测试参数及其意义

1) 子信道比特图

子信道比特图，也称为子载波比特图，是指每个子信道所传输的比特数，其值为 0~15。在局端不限速的情况下，每个子信道上传输的比特数越大，表明在此信道的载频频带内线路的传输性能越佳、背景噪声越低；反之，如果某个子信道上比特数很少，就表示在此频点的噪声影响越大，信噪比越差，可能的原因有：

(1) 邻近数字线路的交流感应或串扰。如 HDSL 技术应用时，邻近数字线路的交流感应或串扰影响在 196 kHz (Bin45、46 子信道上)，ISDN 技术应用时，邻近数字线路的交流感应或串扰影响在 40 kHz (Bin9、10 子信道上)；

(2) 电力线或无线电干扰；

(3) 线路上有桥接抽头或部分线路浸湿。

如果所有子信道上比特数降低，最可能的原因是线路上有直流问题，如短路、接地等。

2) 上、下行速率

上、下行速率即线路实际传输的上、下行数据的速率。通过物理层测试，可以知道该线对能否开通所需速率的 ADSL 业务，决定其服务质量或服务等级。理论上讲，ADSL 能够向终端用户提供 8 Mb/s 的下行传输速度和 640 Kb/s 的上行传输速度，但它由于受到目前电话网络和 Internet 体系的种种限制，实际上这样的速率是很难达到的。例如，目前有的运营商为增加 ADSL 业务的质量稳定性，降低设置的连接速率，只对用户限速开放 2 Mb/s 的下行速率、512 Kb/s 的上行速率。

3) 上、下行容量

上、下行容量为线路实际传输的上、下行数据的速率与线路能够达到的最大上、下行速率之比。这个参数反映了线路传输 ADSL 比特数的冗余能力；如果数值过大，则传输受到干扰容易断链。

4) 噪声裕量(上、下)

通信信道在一定信噪比下所具备的传输能力是有限的，所以在一定的信号电平下，噪声电平越大，传输的极限信息速率就越低。

噪声裕量的值越大，表明线路抗干扰的能力越强。电信总局规定，噪声裕量应≥6 dB。

5) 输出功率(上、下)

输出功率为信号从局端或用户端发出时的功率，此参数的大小也表明信号能够正确传输的距离的远、近。

6) 线路衰减(上、下)

信号在双绞线上传输时，由于线间的电容效应和双绞线的内阻构成一个 RC 滤波器，将信号滤除一部分致使信号变弱，也即线路所产生的衰减。实践表明，此参数在 0.4 mm 线径的双绞线上传输 3 km 的距离时不应大于 50 dB。

7) CRC 误码

CRC 误码为循环冗余校验出的错误分组的个数，此值不断刷新。

8) HEC 误码

HEC 误码为 ATM 信元头控制字节校验出错的分组个数，此值不断刷新。

9) FEC 误码

FEC 误码为不需要请求重传、接收端负责纠正分组中的错误的个数，此值不断刷新。

4. 网络层测试及其意义

1) 局域网 Ping 测试和 E 网通测试

Ping 测试：可向本地局域网方向直接 Ping 主机，通过查看 Ping 测试成功与否，及时发现出现连通故障的 PC；同时，可以代替 PC 通过连接该 PC 的网线 Ping 该网内的其他主机，验证网线的连通性是否正常，及时找到故障所在。

E 网通测试：在本地局域网内，扫描所有与本测试仪处于同一网段的计算机，从而获得在线计算机的 IP 地址、计算机名和工作组名。整个过程大约需要 45 秒钟的时间，简单快捷。此功能可用来检验整个局域网的主机的在线情况，及时查找到故障机或网络问题，以做出准确判断。

2) LAN 口 PPPoE 拨号和 PPPoE Ping 测试

通过 LAN 口 PPPoE 拨号，可以完全代替用户的 PC 来验证用户到 ISP 服务商的连通性，拨号成功后，可以直接读取用户所分配到的 IP 地址以及为其所提供域名解析服务的服务器(DNS)的 IP 地址。

假如用测试仪 PPPoE 拨号可正常登录，而用用户的 PC 做 PPPoE 拨号无法实现正常登录，可以断定故障在于用户 PC，可以排除线路和 Modem 的故障；假如测试仪 PPPoE 拨号不成功，则故障处于线路或者用户的 Modem，可以根据后面介绍的 WAN 口 PPPoE 拨号做进一步的故障定位。

PPPoE 拨号成功以后，通过 PPPoE Ping 测试，向局端广域网方向直接 Ping 网站 IP 地址或域名可以检查广域网链路的连通性，同时可以获取对方的 IP 地址和 PPPoE Ping 的 TTL 值。

3) LAN 口 DHCP 拨号和 DHCP Ping 测试

局域网中的 DHCP 服务器包括带路由功能的 ADSL Modem、宽带路由器、装有 Internet 共享软件(如 Wingate、Sygate 等)并启用 DHCP 功能的主机、启动 WIN2K 自带 DHCP 服务功能的 PC 等。在网吧或一些较大型的局域网中经常使用 DHCP 方式来配置各个主机。测试仪的 DHCP 客户端仿真可以用来验证自动配置主机的局域网是否正常。测试仪可完全代替用户 PC 进行 DHCP 的更新和释放，进而验证 DHCP 服务器是否正常工作，同时也能够快速定位不能够配置 PC 的故障，到底是 PC 的 TCP/IP 属性没有正确设置还是网络线路的问题，大大加快了维护人员查找障碍的进程。

在网关登录到 Internet 之后，可以进行 DHCP 的 Ping 测试。向局端广域网方向直接 Ping 网站的 IP 地址或域名，可以检查广域网链路的连通性，同时可以获取对方的 IP 地址和 DHCP Ping 的 TTL 值。

4) WAN 口 PPPoE 拨号和 PPPoE Ping 测试

WAN 口的 PPPoE 拨号可以代替用户的 PC 和用户的 Modem，直接对进户双绞线进行 PPPoE 拨号登录，排除了 Modem 问题所带来的干扰。拨号成功后，可以直接读取用户所分配到的 IP 地址以及为其所提供域名解析服务的服务器(DNS)的 IP 地址。

假如 WAN 口的 PPPoE 拨号成功，而用户 PC 或测试仪进行 LAN 口的 PPPoE 拨号不成功，说明用户的 ADSL Modem 出现故障或者配置有问题。假如 WAN 口的 PPPoE 拨号不成功，而物理层连接正常，VPI、VCI 参数设置正确，说明局端接入服务器存在问题，从而排除了客户端的影响。配合 LAN 口的 PPPoE 拨号加快了线路的故障定位。

WAN 口 PPPoE 拨号成功以后，通过 WAN 口 PPPoE Ping 测试，向局端广域网方向直接 Ping 网站 IP 地址或域名，可以检查广域网链路连通性，同时可以获取对方的 IP 地址和

PPPoE Ping 的 TTL 值。

5. ADSL 测试实例

测试实例：某条 ADSL 线路的连通测试结果如图 2-1-2 所示。

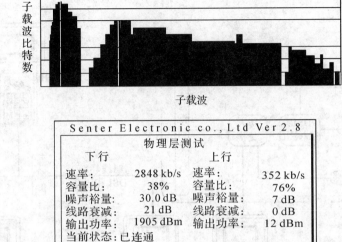

图 2-1-2 某条 ADSL 线路的连通测试结果

由上图的测试结果我们可分析线路的状况：

(1) 线路的下行速率为 2848 kb/s，下行容量为 38%，其达到的线路能够传输的最大速率为 2848÷38% = 7494 kb/s，基本达到理论值 8 Mb/s(线路长度在 2.7 km 内)，说明线路状况适合开展 ADSL 业务。ADSL 的传输速率(理论值)与线路长度的关系可参照表 2-1-1。

(2) 由实际测得的线路的 256 个子信道的图可以看到，上行信道从 7～31 数据正常，下行信道从 40～233 总体上正常(线路实际下行速率达到 8 Mb/s 左右时会使用 40～255 信道)，但在 188 信道附近会出现几个连续为零的信道，这说明在 188 信道附近(折算成频率为 188 × 4.3125 kHz = 810 kHz)也即 810 kHz 频点上信噪比差或存在较大的背景噪声、外界电磁干扰或无线电干扰，由于 ADSL 的 DMT 调制技术，信号会自适应进行调整，所以，对此条线路来讲，已完全可以开通 ADSL 业务。

(3) 根据用户的用户名和密码,用测试仪做 PPPoE 拨号,登录成功后用 LAN 口的 PPPoE Ping 做 Ping www.163.com 网站的测试，得到了网易服务器的 IP 地址以及回应数据分组中的 TTL 信息。所以，该 ADSL 线路网络层已经正常工作，用户可以直接上网。

当某条线路的测试结果显示线路多处出现连续为零的信道，实际下行速率除以下行容量比的结果离 8 Mb/s 相差很远，线路的衰减指标特别大(一般情况，3000 m 以内线路衰减应不大于 50 dB)时，如果局端未进行限速(如限速 512 kb/s 或 1024 kb/s 等)，则此条线路传输状况很差，已不能开通 ADSL 业务。

6. 障碍测试

对于 ADSL 线路，建议用 ST311 按下列步骤来测试及分析原因。

1) 绝缘电阻测量

在开通/维护 ADSL 线路之前，对所使用的线路质量状况进行辅助测试，测试连接示意图如图 2-1-3 所示。

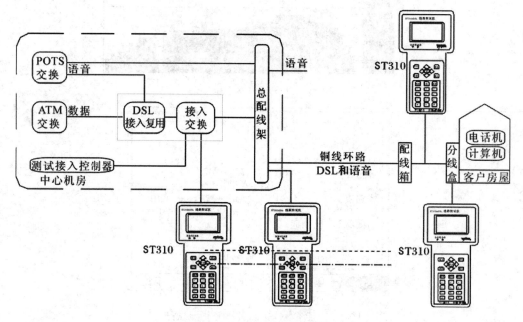

图 2-1-3　测试连接示意图

2) 局端测试

ST311 既可以直接接入局端的 DSLAM 设备测试，也可以在总配线架处进行测试。通过测试 ADSL 的相关参数，保证局端提供给用户的 ADSL 信号正常。

3) 用户端测试

ST311 可以直接接到用户线路进行测试，也可利用专用测试线或辅助测试线方便地在用户分离器前后进行测试，迅速判定是线路障碍、分离器障碍还是用户 Modem 障碍。

4) 交接箱处测试

在判断为线路障碍后，通过对用户线路上各交接箱处用户 ADSL 线路的测试，可以采取分段测试逐段排除的方法查找障碍。

(1) 测量线路电压，检查线路是否开路，若线路电压为零，则可能为线路开路，请检修线路。

(2) 线路衰减过大，不适合开展 ADSL 业务，可能的原因有：

◇　线路上是否有加感线圈，如果有，则排除。

◇　确认用户线路是否过长，国家标准 ADSL 线路长度为 4.5 km。

◇　线路质量状况太差，不适合开展 ADSL 业务。

(3) 如果仪表能激活电路，但性能稍差，则用 ST311 检查线路每个子信道的比特数分布。如果某个子信道比特数很少，那么在此频点的噪声影响大，可能的原因有：

◇ 邻近数字线路的交流感应或串扰，如 HDSL 影响在 Bin45(196 kHz)、ISDN 影响在 Bin9(40 kHz)附近。

◇ 电力线或无线电干扰。

(4) 如果子信道上比特数降低，最可能的原因是线路上有桥接抽头、部分线路浸湿或线路上有直流问题，如短路、接地等。这时，可查找线路资料更换线对或让号线台辅助测量确认。

(5) 因为从局端到用户端的线路上存在配线箱或桥接抽头，为了准确地将故障定位，可能要求技术人员在线路各个转接点用 ST311 反复进行以上测试，直到故障排除。

二、ADSL 业务放装流程

宽带终端维护人员在接到 ADSL 安装工单后，需按以下八个步骤进行开通操作：

第一步：上门前与用户预约。

第二步：检查下户线和用户室内线路。

第三步：如果 ADSL 承载电话上需并副机，制定正确的并机接线方案。

第四步：安装 ADSL Modem。

第五步：检查网卡设置。

第六步：安装拨号软件。

第七步：开通证实。

第八步：收尾工作。

以下详细介绍每个环节的具体事项和相关技术知识。

1. 预约

为确保在开通时限内完成 ADSL 的安装工作，宽带终端维护人员上门前要与用户预约，主要目的是了解用户需求，告知用户需要做好哪些准备工作，预约安装时间。

2. 线路检查

约有 40%的 ADSL 网络故障是由于用户线和室内线路的安装不规范或线路性能不良引起的，开通时检查好线路将起到防患于未然的作用。请按以下步骤仔细检查下户线和用户室内线路。

第一步：确定 ADSL 承载电话通话清晰，没有杂音，接线正确，电话线周围没有高频的用电设备，并且没有与强电线路缠绕或并行。

第二步：拧紧楼道内电话单元分线箱的接线端子，下户线如果是采用铜芯平行线，应注意长度不要超过 20 m，下户线如果距离较长或是室外飞线的，要更换为双绞线，并注意防雷。

第三步：清除室内电话线接线盒的氧化锈蚀，拧紧接线盒接头螺钉。如果室内线路有扭接的电话线接头，应更换为接线盒接续。

第四步：检查在滤波分离器前有没有接入其他设备，电话分机、传真机、IP 拨号器等设备只能连接在滤波分离器语音端口后面的线路上。室内不方便布电话线时，电话分机、传真机、IP 拨号器等设备前要加装高阻滤波分离器。

3. 确定室内线路连接方案

许多用户在承载电话上同时安装有几部电话机，部分安装有副机的客户会发现，开通 ADSL 后，电话或 ADSL 不能正常使用，会发生电话杂音大、接电话时 ADSL 掉线等问题，其中分离器安装不正确是造成电话和上网互相影响以及掉线故障的主要原因。ADSL 使用的是载波技术，电话的低频信号和网络的高频信号同时在一根线路上传输，如果没有语音/数据分离器将信号分离，就会导致使用障碍。

确定室内线路的连接方案，要因地制宜，在掌握了分离器使用原理后，可以从推荐的正确方案中选择一种。

1) 语音/数据分离器的介绍

分离器分为低阻语音/数据分离器和高阻滤波分离器。低阻语音/数据分离器如图 2-1-4 所示。它有三个端口，其中 Line 口接电话进线，Phone 口接电话机，Modem 口接 ADSL Modem。语音/数据分离器的作用是过滤由电话机或其他通信设备产生的杂波，隔离高频和低频通信通道，避免语音和数据通信相互干扰。

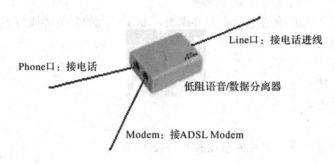

图 2-1-4　低阻语音/数据分离器

低阻语音/数据分离器由于阻抗较低，多只并联使用会对整条通信线路的阻抗特性有较大影响，电话可能会因线路阻抗不匹配而出现回声等现象，并可能会导致 ADSL 掉线，因此一般只使用一只。

高阻滤波分离器，如图 2-1-5 所示。高阻滤波分离器一头为 RJ11 插头，一头为 RJ11 插座，从形状上也称为鞭状分离器。插头一端插在电话机上，插座一端接电话线，可以滤除由话机或其他通信设备产生的杂波，隔离高频信号通道。高阻滤波分离器可以多只并联使用，在并有多个电话分机时，使用很方便。

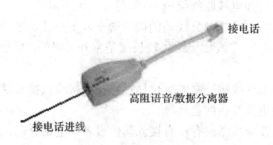

图 2-1-5　高阻滤波分离器

2) 正确的室内线路连接方案

方案一：

使用一只低阻语音/数据分离器。进户电话线通过分离器再分别接电话和 ADSL Modem。电话副机可以并接在低阻语音/数据分离器上，如图2-1-6所示。在用户室内可以方便布线时，或分离器可以方便地安装在电话进线处时，可以采用这种方案。

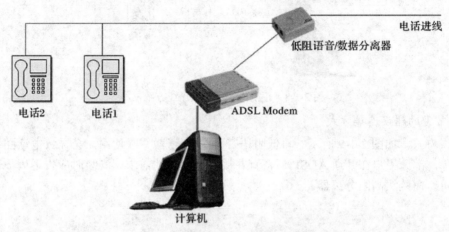

图 2-1-6 正确的室内并机连线方案一

如果低阻语音/数据分离器安装在电脑附近，其他副机需要从分离器后布电话线来并接。如果低阻语音/数据分离器安装在电话进线处，需新布电话线接 ADSL Modem。

在开通时，如果不能方便布线，同时也没有高阻分离器，只能将其他副机摘除，或建议用户使用无绳电话。

方案二：

在 ADSL Modem 的安装点，如果用户不需要连接电话，可以采用图 2-1-7 所示方案。电话线直接插在 ADSL Modem 上，在每个电话机上加装高阻分离器。目前，在大部分家庭都经过装修，电话线均已暗埋的情况下，我们很难判断用户电话线路的连接方式，用这种方案是最可靠的。

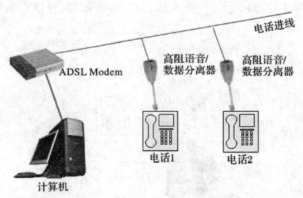

图 2-1-7 正确的室内并机连线方案二

方案三：

方案三是方案一和方案二的综合。举例说明，假设用户需要将 ADSL 接在书房中，书房有一部话机，客厅和卧室各有一部话机，最适合的安装方案就是方案三，如图 2-1-8 所示。

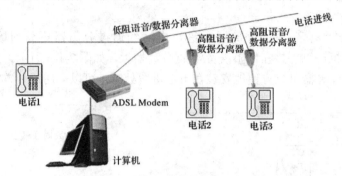

图 2-1-8　正确的室内并机连线方案三

3) 常见的错误连接方式

错误方式一如图 2-1-9 所示。将低阻语音/数据分离器并联使用，会导致电话回音、掉线等故障。部分用户在开通 ADSL 后，有并接电话副机的需求，安装时应告诉用户，如需并接副机，需购买高阻分离器。

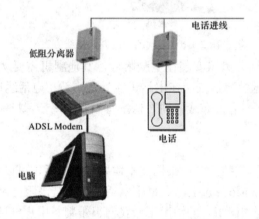

图 2-1-9　错误的室内并机接线方式一

错误方式二如图 2-1-10 所示。在分离器接有电话机，这种错误的安装方式最为常见。

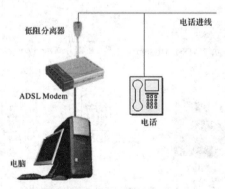

图 2-1-10　错误的室内并机接线方式二

错误方式三如图 2-1-11 所示。在接 ADSL Modem 的电话线上并有电话机，电话机将无法使用。

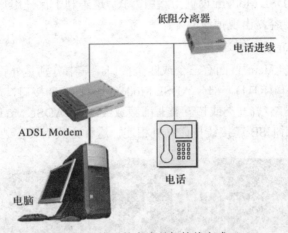

图 2-1-11　错误的室内并机接线方式三

　　错误方式四如图 2-1-12 所示。在 ADSL Modem 前接有高阻分离器，Modem 将无法同步。

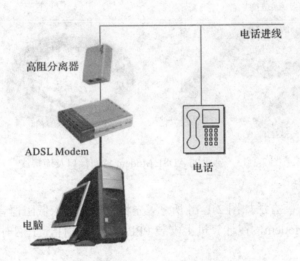

图 2-1-12　错误的室内并机接线方式四

4. 安装 ADSL Modem

1) ADSL Modem 安装注意事项

ADSL Modem 通常为塑壳结构使用外置电源，安装时有四个注意事项：

　　(1) ADSL Modem 需要安放在通风散热处，因为塑壳结构不利于散热，因此，为保证 ADSL Modem 能长时间稳定工作，应将它放置在空气流通的地方，Modem 上不能有覆盖物，立式 Modem 不能横放。

　　(2) ADSL Modem 是高速数据通信设备，易受外部电磁波干扰，导致掉线等故障。因此，它要避免放在 CRT 显示器、电视机后，避免将手机放在 ADSL Modem 旁边，并将 ADSL Modem 远离大功率用电设备如冰箱、空调等。

　　(3) 外置电源容易出现松动、接插不良等现象，瞬间的断电也会导致 ADSL Modem 重新同步，因此，避免将 ADSL Modem 电源插在劣质插座上，避免将插座置于易触碰的地方。

(4) 请不要将 ADSL Modem 设置为路由方式，这不利于保证用户账号/密码的安全，并且在有网络病毒时，容易出现掉线故障。

2) ADSL Modem 的物理连接

常见的 ADSL Modem 背面有三个或四个接口，其中分别是外置电源接口、双绞线接口(RJ45)、电话线接口(RJ11)，部分 ADSL Modem 还有 USB 接口，如图 2-1-13 所示。

通常我们使用网络线(五类或超五类非屏蔽双绞线)将 ADSL Modem 与计算机相连。有 USB 接口也可以使用 USB 连接线与计算机相连，这种方式需要安装 Modem 的驱动程序。

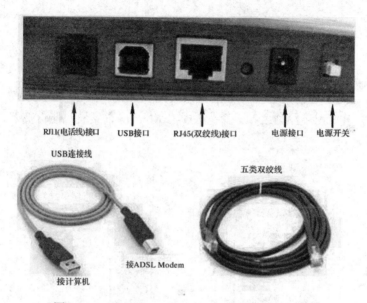

图 2-1-13　常见的 ADSL Modem 背面接口及连接线

3) 单机安装方法

ADSL 的单击安装方法如图 2-1-14 所示，先将进户线接入低阻语音/数据分离器，再分别接电话和 ADSL Modem，在计算机上安装 PPPoE 拨号软件，上网时手动拨号。

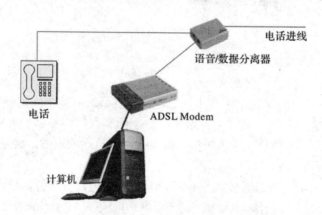

图 2-1-14　单机安装方法

4) 局域网安装方法

(1) 通过代理服务器拨号上网的连接方法如图 2-1-15 所示。

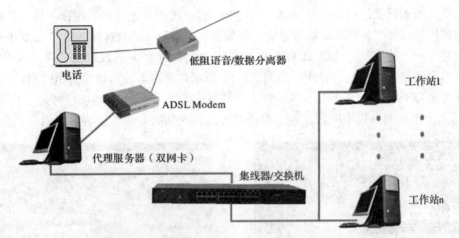

图 2-1-15　通过代理服务器拨号上网的连接示意图

　　进户线接入低阻语音/数据分离器，再分别接电话和 ADSL Modem，需要一台计算机做代理服务器，在代理服务器上安装双网卡，并安装 PPPoE 拨号软件和代理软件(WinGate、SyGate、Windows XP 连接共享等)。由代理服务器拨号，工作站不需要安装 PPPoE 拨号软件，可通过代理服务器代理上网。如果只有两台电脑，可以省去交换机或 HUB，将工作站与代理服务器之间用交叉网线直连。

　　(2) 通过路由器拨号上网的连接方法如图 2-1-16 所示。

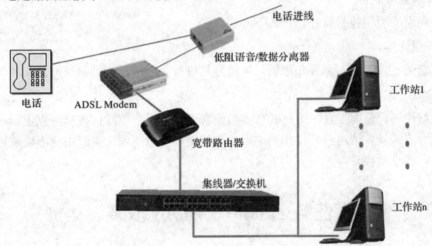

图 2-1-16　通过路由器拨号上网的连接示意图

　　ADSL Modem 接宽带路由器，将 ADSL 用户名/密码设置在宽带路由器中。宽带路由器在通电后会自动拨号建立连接，工作站开机后就能直接上网。

　　这种方式的好处是方便，不用手动拨号，并且很多路由器都支持简单防火墙的功能，安全性较高，网络比代理服务器方式稳定；缺点是配置路由器需要专业人员支持。

　　5. 检查网卡设置

　　在安装拨号软件之前，需要确定用户的电脑网卡已经正常驱动，并已经添有 TCP/IP 协议，其设置方法如下：

右键单击"网上邻居"打开网络"属性",将出现"本地连接"图标,然后右键单击"本地连接"选择"属性"。检查是否已经安装有"Internet 协议(TCP/IP)",如果没有点击"安装"→"协议",选取 TCP/IP 协议安装;如果 TCP/IP 协议已安装,点击"属性"按钮,出现网络参数设置的界面,如图 2-1-17 所示。在这里就可以设置 IP 地址、子网掩码、网关和 DNS。对于 ADSL 专线用户,只需将分配给用户的 IP 地址、网关、子网掩码、DNS 填入上图的空白栏中即可。对于普通拨号方式的 ADSL 用户,设置为自动获取即可。

 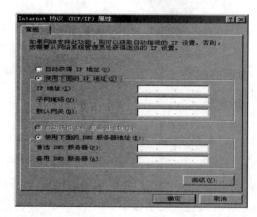

图 2-1-17　TCP/IP 协议网络参数界面

6. 安装拨号软件

安装运营商专用拨号软件,进入下一步。

7. 开通证实

进行宽带连接,输入账号和密码,连接好后进行上网演示,并测试网速向用户证实。

8. 收尾工作

收拾好现场,整理工具,用户联写明初始密码并交用户留底;按单清点留给用户的物品并得到对方确认,请用户签收相关单据;交代使用注意事项,提醒用户不要使用过于简单的密码,告别后离开。

任务 2　FTTB + LAN 放装

【任务要求】

(1) 识记:
- 了解 FTTB 业务的受理流程;
- 掌握 FTTB 的放装流程及安全操作规范;
- 掌握熟悉各业务的开通流程和用户预约流程。

(2) 领会:
- 能够根据实际用户需求情况确定具体放装流程;
- 能够根据不同场景来进行规范标准业务放装。

【理论知识】

一、FTTX + LAN 接入的方式

FTTX + LAN 的接入方式利用 FTTX(光纤到小区或楼) + LAN(网线到户)的宽带接入方式实现"千兆到小区、百兆到大楼、十兆到桌面"的宽带接入方案，小区内的交换机和局端交换机以光纤相连，小区内采用综合布线，用户上网速率最高可达 100 Mb/s。

FTTX + LAN 的接入方式采用星型网络拓扑，用户共享带宽，比较适合相对集中的住宅小区、智能大厦、现代写字楼使用，常又被俗称为"宽带局域网接入"。FTTX + LAN 的接入方式被宽带运营商广为使用，而目前主流的无线宽带路由器大多都支持 FTTX + LAN 的这种宽带接入方式，可利用 FTTX+LAN 的接入方式实现无线宽带路由共享上网。

二、FTTX + LAN 接入的特点

1. 高速传输
用户上网速率目前为 10 Mb/s，以后可根据用户需要升级。

2. 网络可靠、稳定
楼道交换机和小区中心交换机、小区中心交换机和局端交换机之间通过光纤相连，网络稳定性高、可靠性强。

3. 用户投资少、价格便宜
用户只需要一台带有网络接口卡(NIC)的 PC 机即可上网。

4. 安装方便
小区、大厦、写字楼内采用综合布线，用户端采用五类网络线方式接入，即插即用。

5. 应用广泛
通过 FTTX + LAN 方式可以实现高速上网、远程办公、VOD 点播等多种业务，适用于高密度用户群。

三、以太网技术

以太网以其灵活、简单和易于实现的特点被大规模应用。在 OSI 模型里，以太网包括物理层、数据链路层和网络层。

(1) 物理层：是 OSI 分层结构体系中最重要、最基础的一层，它建立在传输媒介基础上，起建立、维护和取消物理连接作用，实现设备之间的物理接口。物理层之接收和发送一串比特(bit)流，不考虑信息的意义和信息结构。

物理层包括对连接到网络上的设备描述其各种机械的、电气的、功能的规定。具体地讲，机械特性规定了网络连接时所需接插件的规格尺寸、引脚数量和排列情况等；电气特

性规定了在物理连接上传输比特流时线路上信号电平的大小、阻抗匹配、传输速率距离限制等；功能特性是指对各个信号先分配确切的信号含义，即定义了 DTE(数据终端设备)和 DCE(数据通信设备)之间各个线路的功能；过程特性定义了利用信号线进行 bit 流传输的一组操作规程，是指在物理连接的建立、维护、交换信息时，DTE 和 DCE 双方在各电路上的动作系列。物理层的数据单位是位。

(2) 数据链路层：在物理层提供比特流服务的基础上，将比特信息封装成数据帧(Frame)，起到在物理层上建立、撤销、标识逻辑链接和链路复用以及差错校验等功能。通过使用接收系统的硬件地址或物理地址来寻址。建立相邻结点之间的数据链路，通过差错控制提供数据帧在信道上无差错的传输，同时为其上面的网络层提供有效的服务。

数据链路层在不可靠的物理介质上提供可靠的传输。该层的作用包括物理地址寻址、数据的成帧、流量控制、数据的检错、重发等。

数据链路层又分为两个子层：逻辑链路控制层和介质访问控制层 MAC。

数据链路层功能主要体现在以太网设备的两层交换功能上，即将数据封装成以太网帧格式，通过 MAC 地址完成寻址。常用设备有网卡、网桥、交换机。

(3) 网络层：也称通信子网层，是高层协议之间的界面层，用于控制通信子网的操作，是通信子网与资源子网的接口。在计算机网络中进行通信的两个计算机之间可能会经过很多个数据链路，也可能还要经过很多通信子网。网络层的任务就是选择合适的网间路由和交换结点，确保数据及时传送。网络层将解封装数据链路层收到的帧，提取数据包，包中封装有网络层包头，其中含有逻辑地址信息源站点和目的站点地址的网络地址。

在一个复杂的大型网络中，源和目的节点之间不可能通过一条直达的链路连接，而是靠多段通路组合起来的通路。因此，三层路由就是实现这部分节点之间的寻址，网络层的能主要由三层交换机或路由器来完成，寻址按照 IP 地址实现。

以太网按照传输速率可分为 10 Mb/s 以太网、100 Mb/s 以太网和 1000 Mb/s 以太网。

10 Mb/s 以太网按照传输介质的不同，可分为以下几种：

① 10Base2，传输介质为细同轴电缆，很容易弯曲；电缆价格低廉，安装方便，但使用范围只有 200 m，每个电缆段内只能有 30 个节点。

② 10Base5，传输介质为粗同轴电缆，适合用于主干线，最大使用范围为 500 m，每个电缆段内可以有 100 个节点。

③ 10Base-T，传输介质为三类或五类双绞线，所有节点均连接到一个中心集线器上，增、删节点简单，易于维护，距集线器的最大有效长度为 100 m，节点数可达 1024 个。

④ 10Base-F，传输介质为单模或多模光纤，抗干扰性好，常用于办公大楼或相距较远的集线器间的连接。

100 Mb/s 以太网按照传输介质的不同，可分为以下几种：

① 100Base-TX，传输介质为两对五类非屏蔽双绞线(UTP)或屏蔽双绞线(STP)，一对用于发送数据，一对用于接收数据，最大网段长度为 100 m。

② 100Base-T4，传输介质为 4 对三类、四类、五类非屏蔽双绞线(UTP)，3 对用于传送数据，1 对用于检测冲突信号，最大网段长度为 100 m。

③ 100Base-FX，传输介质为单模或多模光纤。最大网段长度为 150 m、412 m、2000 m 甚至 10 km。支持全双工的数据传输，特别适用于有电气干扰、较大距离连接或高保密的

环境中。

1000 Mb/s 以太网按照传输介质的不同，可分为以下几种：

① 1000Base-LX，传输介质为多模或单模光纤，采用长波长激光器。在全双工模式下，使用多模光纤时最长传输距离达 550 m，使用单模光纤时最长有效距离为 5 km。

② 1000Base-SX，传输介质为多模光纤，采用短波长激光器。在全双工模式下，最长传输距离为 550 m。

③ 1000Base-CX，传输介质为特殊规格的高质量平衡双绞线对的屏蔽铜缆或同轴电缆，最长有效距离为 25 m，适用于交换机之间的短距离连接，尤其适合千兆主干交换机和主服务器之间的短距离连接。

④ 1000Base-T，传输介质为超五类或六类双绞线，最长有效距离达 100 m。

四、FTTX + LAN 网络结构

FTTX + LAN 网络结构由中心接入设备和边缘接入设备组成，如图 2-2-1 所示。

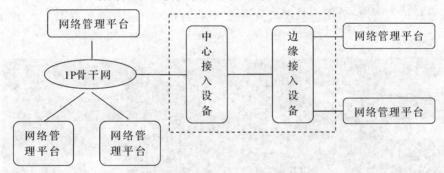

图 2-2-1 FTTX+LAN 网络结构图

1. 边缘接入设备

边缘接入设备主要完成链路层帧的复用和解复用功能，在下行方向将中心接入设备发送的不同 MAC 地址的帧转发到对应的用户网络接口 UNI 上，在上行方向将来自不同 UNI 端口的 MAC 帧汇聚并转发到中心接入设备。

2. 中心接入设备

中心接入设备负责汇聚用户流量，实现 IP 包转发、过滤及各种 IP 层协议，具有对接入用户的管理控制功能，完成对用户使用接入网资源的认证、授权、计费等。用户管理平台、业务管理平台、接入网的管理可通过 IP 骨干网实行集中式处理。中心接入设备与边缘接入设备采用星型拓扑结构，中心接入设备与 IP 骨干网设备之间的拓扑结构可以是星型，也可以是环型。

五、以太网接入系统组成

以小区以太网为例说明一般小区以太接入网络采用结构化布线，在楼宇之间采用光纤形成网络骨干线路，在单个建筑物内一般采用五类双绞线到住户内的方案。

中心接入设备：一般放在小区内，可容纳 500 到 1000 个用户，上行可采用 1 Gb/s 的光接口或 100 Mb/s 的电接口经光电收发器与光纤连接，下行可采用 100 Mb/s 的电接口或 100 Mb/s、1 Gb/s 的光接口。小于 100 m 的采用五类双绞线，大于 100 m 的采用光纤。

边缘接入设备：一般位于居民楼内，采用带 VLAN 功能的两层以太网交换机，每个交换机可接 1～2 个用户单元，上行采用 100 Mb/s、1 Gb/s 的光接口或 100 Mb/s 的电接口，下行采用 10 Mb/s 的电接口。

交换机接入用户主要是通过楼内综合布线系统和相关的配线模块提供五类双绞线端口入户，入户端口能够提供 10 Mb/s 的接入带宽。

系统中可采用配置 VLAN 的方式保证最终用户一定的隔离和安全性。VLAN 在楼道接入交换设备上配置，终结在小区接入交换设备上。

实际中，可根据小区规模的大小或接入用户数量的多少将小区接入网络分为小规模、中规模和大规模等三大类。

(1) 小规模接入网络：适用于用户数少，用户连接到以太交换设备的双绞线距离不超过 100 m 的情况。小区内采用 1 级交换，即交换机采用 100 M 上联接口，下联有多个 10 M 电接口，直接接入用户；若用户数超过交换机的端口数，可采用交换机级联方式，如图 2-2-2 所示。

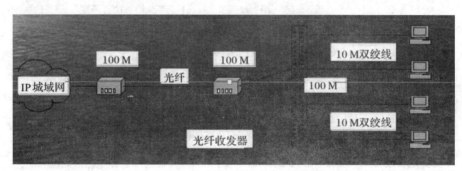

图 2-2-2　小规模接入网络

(2) 中规模接入网络：适用于居民楼较多，用户相对分散的情况。小区内采用 2 级交换：小区中心交换机具备一个千兆光接口或多个百兆电接口上联，其中光接口直联，电接口经光电收发器连接。中心交换机下联口既可以提供百兆电接口(100 m 以内)，也可以提供百兆光接口。楼道交换机的连接同小规模接入网络相同，如图 2-2-3 所示。

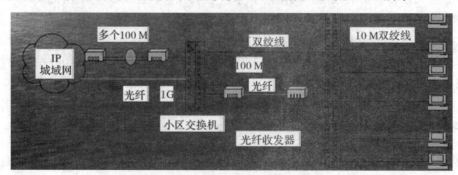

图 2-2-3　中规模接入网络

(3) 大规模接入网络：适用于居民楼非常多，楼间距离较大，且相对分散的情况。小区内采用 2 级交换：小区中心交换机具备多个千兆光接口直联宽带 IP 城域网，中心交换机下联口既可以提供百兆光接口，也可以提供千兆光接口。楼道交换机连接基本上与小规模接入网络相同，如图 2-2-4 所示。

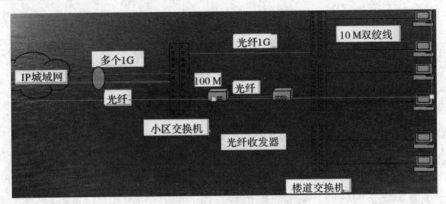

图 2-2-4　大规模接入网络

六、FTTX + LAN 与 ADSL 接入技术比较

1. ADSL 接入方式

ADSL 可直接利用电话线改装，不受地域的限制且接入成本低。ADSL 技术的主要缺点如下：

(1) 传输速率和线路质量及传输距离密切相关，线路质量不好或传输距离远，传输速率都会下降，且稳定性变差，易断线。

(2) 线路之间存在串扰等现象，很容易影响传输的稳定性，造成无法开通或者速率上不去等问题。

(3) 较低的传输速率限制了高等级流媒体应用和 HDTV 等业务的开展。

(4) 非对称特性不适于企事业和商业环境。

(5) 由于 ATM 设备成本较高，因而 ADSL/ATM 设备成本仍较高。

2. FTTX + LAN 接入方式

FTTX + LAN 接入方式采用以太网技术，它用光缆 + 双绞线对小区进行综合布线，避免了各种干扰，所以稳定性更好。LAN 接入技术简单高效，可为用户提供 10 Mb/s 带宽到桌面，也可以根据需要从 10 Mb/s 升级到 100 Mb/s，设备成本较低，适合企业、商务楼和新建楼宇的宽带接入。其缺点主要有：

(1) LAN 由于采用以太网接入方式，在地域上受到了一定限制，只有已经铺设了 LAN 的小区才能够使用这种接入方式。

(2) 当同时上网的用户比较多时，用户使用效果满意度将降低。多用户共享一条上联接口，每个用户的可保证带宽有限。如要改善则需要增加上联接口的数量或容量。

(3) 中间汇聚设备和接入层楼道的交换机太多，管理维护难。

（4）处于 CO 和家庭之间的中间有源设备受雷电影响大。

（5）以太网所有技术都存在传输距离的限制。千兆以太网即使是使用单模光纤，最大的传输距离也只有 3 km。100 M/10 M 以太网使用双绞线的距离是 100 m 以内，因而千兆以太网的应用主要是面向大的商业用户、集团用户或需求比较集中的住宅用户群。

（6）LAN 接入前期的设备和布线占据了大量的人力和物力，但端口的销售很难一次到位，造成投资回收的滞后。

对用户数的预测存在误差会造成一些端口长期闲置，而一些区域的端口不足。

七、FTTX＋LAN 方案

EPON 产品的成本主要集中在 OLT 和 ONU，中间的无源设备价格比较便宜，而 OLT 由于用多用户负担，均摊到每一个用户上面的成本很低。

OLT 放置于局端机房，易于管理维护。从机房到用户家里的连接完全是无源的光网络，免去了有源设备的空间、电源、维护等方面的问题。而 OLT 设备可以做到很好的认证计费支持、用户隔离、安全控制等，从而避免目前 LAN 接入用户之间产生的不安全的访问等问题。

1. 传统的光纤＋LAN 网络结构

传统的光纤＋LAN 网络结构在汇聚层采用全光口交换机，完成楼道交换机向上的端口汇聚功能。这种结构设备数量多，网络层次多，管理复杂。传统的光纤＋LAN 网络结构图如图 2-2-5 所示。

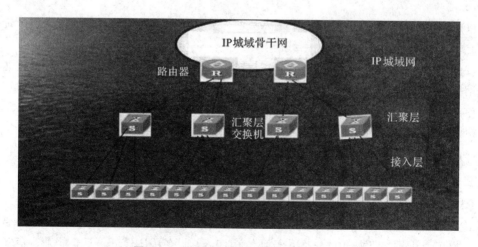

图 2-2-5　传统的光纤＋LAN 网络结构图

2. EPON 中的 FTTX＋LAN 结构

在 FTTB 的组网方式中，采用一个光口可以汇聚下面 32 个楼道交换机(以后可以扩展到 64 或 128 个)。EPON 中的 FTTX＋LAN 结构取消了汇聚层交换机，使设备数量大大减少，网络层次简化，有利于集中管理；在节省光纤的同时，节省了一半的光端口，在成本上面的优势比较明显。EPON 中的 FTTX＋LAN 结构图如图 2-2-6 所示。

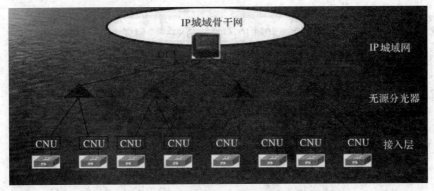

图 2-2-6 EPON 中 FTTX + LAN 网络结构图

八、EPON 的典型应用

1. 新建普通居民小区

对于新建普通居民用户小区，当用户达到 1000 户以上时，可采用如图 2-2-7 所示的方案。该方案可以有效降低光纤接入的成本，维护便捷，业务功能齐全。其中线路部分为无源设计，免除了小区机房的设计和维护困难；ONU 能够提供数据、语音、CATV 综合业务，满足多用户多业务接入需求。

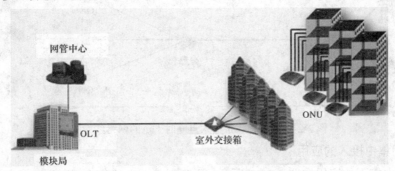

图 2-2-7 新建普通居民小区的接入示意图

2. 原有 ADSL 宽带接入改造的应用

(1) 原有 ADSL 接入网络结构如图 2-2-8 所示。

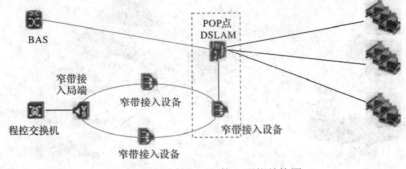

图 2-2-8 原有 ADSL 接入网络结构图

（2）宽带接入点下沉的网络结构如图 2-2-9 所示。宽带接入点下沉，线路部分采用无源光分路器，免除了小区机房的设计和维护困难；ONU 提供常规的 DSLAM 功能；暂时保留原有铜线设施，以提供不受市电影响的话音业务；楼道内建议继续保留原有用户线资源，用户端尽量不做调整，降低网络改造的成本和实施的难度。这样既可提高速度，又能充分利用原有的铜线资源，这种模式主要用于单纯实现宽带提速改造的场景。

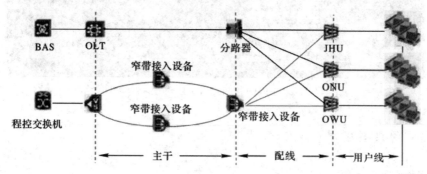

图 2-2-9　宽带接入点下沉的网络结构图

（3）宽、窄带接入点同时下沉的网络结构如图 2-2-10 所示。此结构要求 ONU 不但提供常规的 DSLAM 功能，而且要内置 IAD 模块，以提供基于软交换的语音业务。

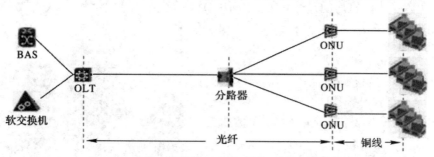

图 2-2-10　宽、窄带接入点同时下沉的网络结构图

3. 网吧集中接入的应用

网吧集中接入的应用如图 2-2-11 所示。网吧对于接入带宽要求较高，是数据业务消费的重要力量，采用现有的光纤直驱方式解决网吧接入会导致宝贵的城域光纤资源被大量占用，EPON 是实现网吧一条街接入的有效手段，可以大量节约城域光纤。

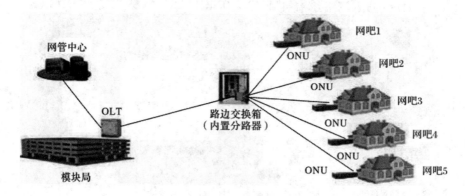

图 2-2-11　网吧集中接入的应用示意图

4. "全球眼"接入的应用

"全球眼"接入的应用示意图如图 2-2-12 所示。"全球眼"网络视频监控业务是由一项完全基于宽带网的图像远程监控、传输、存储、管理的增值业务。该业务系统利用宽带网络，将分散、独立的图像采集点进行联网，实现跨区域、全国范围内的统一监控、统一存储、统一管理、资源共享的目标。

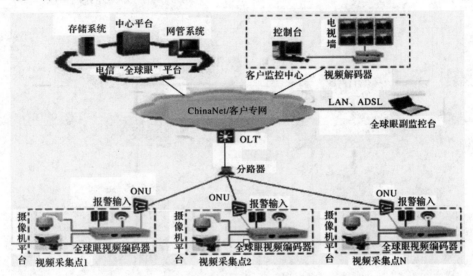

图 2-2-12   "全球眼"接入的应用示意图

任务 3   FTTH 放装

【任务要求】

(1) 识记：
- 了解末端装维业务的受理流程；
- 掌握 FTTH 的放装流程及安全操作规范；
- 掌握熟悉各业务的开通流程和用户预约流程。

(2) 领会：
- 能够根据实际用户需求情况确定具体放装流程；
- 能够根据不同场景来进行规范标准业务放装。

【理论知识】

一、FTTH 业务放装流程

FTTH 业务有新装纯语音业务和新装纯上网业务，其业务流程图如图 2-3-1 和图 2-3-2 所示。

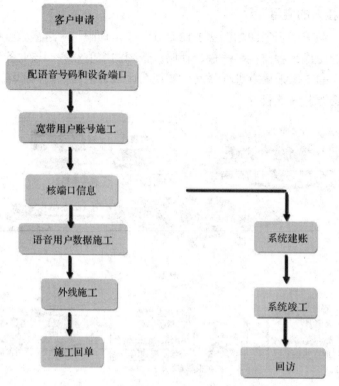

图 2-3-1 FTTH 业务流程图——新装纯语音业务

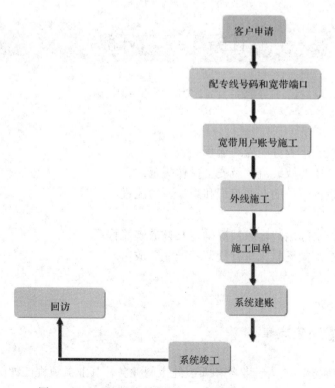

图 2-3-2 FTTH 业务流程图——新装纯上网业务

FTTH 业务放装流程具体如下：

(1) 客户或客户经理在前台受理，根据客户安装地点具备 FTTH 条件后，选定 FTTH 产品，工单自动流转到系统配号岗。

(2) 配号岗自动根据客户安装地址核配专线号、数据端口和数据 WLAN。

(3) 工单流转到外线施工，营维中心测量岗提单，根据预约时间安排外线人员施工。

(4) 若 ONU 已经安装，完成 ONU 数据端口跳线施工和上网业务调测。

(5) 若 ONU 未安装，施工步骤如下：

① 安装 ONU 和数据端口跳线。

② 在 OLT 上对 ONU 进行 MAC 地址注册，设置上下行速率。

③ 对 ONU 设置数据 WLAN(对应用户的端口)，进行数据开通。

(6) 调测开通后，若进行了端口变更，则施工回单更新数据端口。

(7) 上网电路或 IPTV 电路调通后，在终端设备上贴上提示小标签，提示用户的上网账号和机顶盒 ID。

二、业务开通流程

业务开通的流程如图 2-3-3 所示，其具体内容如下：

(1) 用户在前台申请 FTTH 接入，可以办理电话、宽带、IPTV 等业务；由营业前台根据用户的申请速率及办理业务的类型选定相应的套餐，录入带宽型工单以及相应的电话、宽带、IPTV 接入型工单；营业前台受理 FTTH 接入业务，在带宽型工单中一定要注明用户办理了哪些业务及带宽。

(2) 工单到达网络资源中心后，先进行带宽型工单的配置，将先前建设方录入的 ONU 设备激活为可配置的实物，并依据 ONU S/N 的生成规范生成 S/N 编码，并通过施工调度

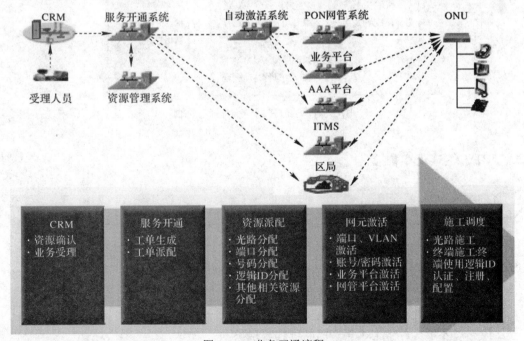

图 2-3-3　业务开通流程

系统向网络操作维护中心、分局派发相应工单，并将必需的信息写入备注栏或以文本附件方式传递，其中网络操作维护中心的工单信息需涵盖上行 OLT 节点、OLT 端口、宽带端口号、宽带带宽、ONU S/N、窄带域名、窄带端口号、IPTV 业务端口号、IPTV 端口带宽，分局的工单信息需涵盖 ONU S/N、OBD 端口、窄带端口、宽带端口、宽带带宽、IPTV 端口、下户皮线光纤是否布放；网络资源中心在完成带宽型 FTTH 工单配置后再配置接入型工单时要选取之前激活的 ONU 设备进行配线；网络操作维护中心在收到施工调度系统带宽型工单时要通过网管系统完成用户 ONU 数据的下发。

(3) 分局在收到施工调度系统带宽型工单后根据相关信息再接收其他接入型工单，在相关用户数据(电话号码、宽带账号密码、IPTV 平台账号密码等)都具备后上门进行调试，并根据用户情况连接 OBD 端口、布放下户皮线光纤、配置 ONU S/N、布放连接用户室内电话及五类线、终端调试等。

(4) 客户服务调度中心负责 FTTH 用户接入型工单的电话号码、宽带账号 TSAP 工单的处理，确保及时生成相关数据。

(5) 增值业务中心负责 IPTV 平台业务账号的及时生成。

(6) 客户服务调度中心负责 FTTH 接入装机单的全程管控。

FTTH 用户端开通三部曲如图 2-3-4 所示。

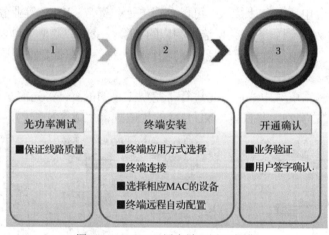

图 2-3-4　　FTTH 用户端开通三部曲

三、IPTV 终端设备配置

1. IPTV 的连接

IPIV、TEL、PC 的连接示意图如图 2-3-5 所示。

2. IPTV 对环境的要求

(1) IPTV 分标清和高清两种，分别采用不同的机顶盒。

(2) 标清要求下行带宽 4 M，高清要求下行带宽 10 M。

(3) 机顶盒混用会导致黑屏、马赛克等现象。

(4) 带宽不够会导致卡、声音断断续续等现象。

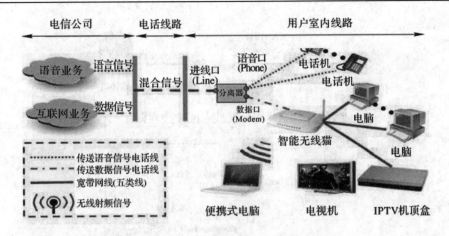

图 2-3-5　IPTV、TEL、PC 连接示意图

3. IPTV 的安装

1) IPTV 机顶盒介绍

高清机顶盒(中兴 ZXV10 B700)与标清机顶盒(中兴 ZXV10 B600)的相关参数如下：

机顶盒设置密码：6321。

EPG(电子节目菜单)主页地址：http://124.232.131.132:8080/iptvepg/platform/index.jsp。

升级服务器地址：http://124.232.131.133:8080/b600v2。

2) IPTV 物理连接

根据用户办理的不同的业务类型，IPTV 有对应的几种不同的物理连接方式如图 2-3-6
至图 2-3-9 所示。

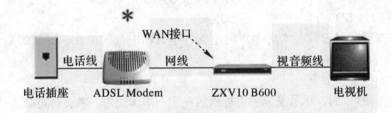

图 2-3-6　ADSL 接入方式(纯 IPTV 上网)

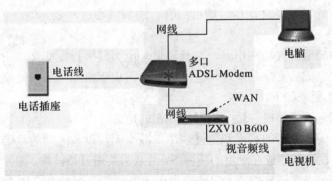

图 2-3-7　ADSL 接入方式(电脑＋IPTV 同时上网)

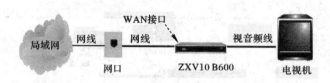

图 2-3-8　LAN 接入方式(纯 IPTV 上网)

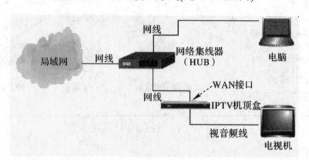

图 2-3-9　局域网接入方式(电脑 + IPTV 同时上网)

注：带＊号的设备是需要运营商提供的 IP 上行的 MD 和 LAN 设备，该设备提供多通道和 QOS 保障。

3) 机顶盒安装的注意事项

(1) 取出机顶盒并将所有配件展示给用户检查，并把机顶盒表面覆盖的防尘膜撕掉，告诉用户因机顶盒使用后内部温度较高，表面不要覆盖物品，尽量放在通风的地方。

(2) 建议用户保存好设备包装，以备后用。

(3) 告诫用户不要随便变更机顶盒设置，不能直接断电操作。

4) 室内综合布线

(1) 室内布线是整个 IPTV 安装过程中最费时间也是最重要的环节，设计布线的好坏直接关系到用户对 IPTV 产品的第一感知度。

(2) 在布线的时候要同时考虑用户的电脑、电话和电视的位置，安装的是无线设备时还要考虑用户室内墙体的材质。

(3) 有线布线要求如下：

① 安装纯 IPTV 时，尽量把猫和电视机放在同一个房间内。若多台电脑上网 + IPTV 则需要考虑尽量利用原有线路，减少明线长度与条数，能通过气窗走线时，尽量避免穿墙洞。

② 将用户室内线路画成草图，与用户商量室内线布线路径，在征得用户同意后实施敷设。

③ 线路布放应横平竖直，尽可能沿门套、踢脚线布放，做到既保证安全、牢固又注意隐蔽、美观。

④ 布线途中应避开大功率电器，并且避免与电力线平行或交叉。

⑤ 布线工作完成后要立刻对现场进行清理，防止废料和灰尘四处飘散。

(4) 无线施工要求如下：

① 应尽量把无线猫摆放在最接近网络视讯的地方。

② 合理设计无线设备的高度和角度，尽量减少无线设备之间的阻隔物。

③ 不要将无线设备摆放在潮湿的环境下，并且需要避开微波炉、电冰箱等大功率电器。

④ 若附近有很多个工作在 2.4 GHz 频段的无线设备，可能会产生无线信号互相干扰，

因此要将智能无线猫中的"信道选择"的值改成互不冲突的信道。

　　⑤ 有的用户会把机顶盒放在电视柜下方等无线信号不理想的地方，可以使用 USB 延长线接上 USB 无线网卡，从而获得更好的信号。信号强度可以进入机顶盒的"系统设置"→"系统信息"→"网络信息"，其中会显示无线信号强度，该值从 0 至 100，值越大信号越好，若要使用稳定，该值至少要保持在 30 以上。

　　5) 遥控器的使用

　　遥控器的界面示意图如图 2-3-10 所示。

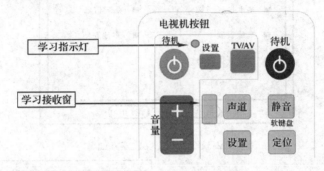

图 2-3-10　遥控器界面示意图

　　使用遥控器时的注意事项如下：

　　(1) 按住深灰色"设置"按键约 3 秒钟以上，指导学习指示灯由红色变成绿色表示进入学习状态，即可松开设置按键。

　　(2) 立刻将电视机遥控器发射光口(一般在电视遥控器顶部)对准机顶盒遥控器的学习接收窗，然后按下电视机遥控器上被学习的按键(如"电源"按键)，学习指示灯变成红色。

　　(3) 按下机顶盒遥控器上需要学习的按键(如"待机"按键)，学习指示灯由红色变成绿色，表示学习成功。

　　(4) 重复步骤(2)～步骤(3)，学习其他几个按键。

　　(5) 学习完成后，请不要操作任何按键，等待学习指示灯熄灭，表示所学习的按键信息已全部保存，这时候就可以使用 IPTV 遥控器的电视机按键来操作电视。当电视屏幕出现图 2-3-11 所示的提醒的时候，请按下遥控器上方白色 设置 按键，进入系统设置界面。接着弹出系统设置权限认证窗口，此刻输入密码"6321"(如图 2-3-12 所示)，通过遥控器选择"确定"键进入系统设置主界面，如图 2-3-13 所示。通过遥控器选择"基本设置"进入网络连接界面，此时电视屏幕显示"网络连接界面，如图 2-3-14 所示，然后根据需要选择"有线连接"或"无线连接"。

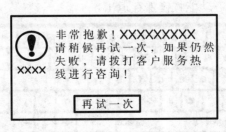

图 2-3-11　"再试一次"图像界面

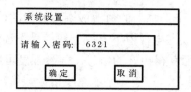

图 2-3-12　系统设置权限认证窗口

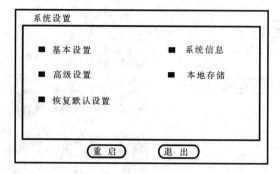

图 2-3-13　系统设置主界面

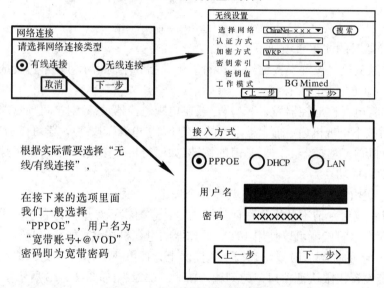

图 2-3-14　网络连接类型选择界面

　　字符、数字的输入可以在遥控器上选择"定位/软键盘"功能按键，此时电视屏幕上会出现如图 2-3-15 所示的界面，通过左右键选择账号、密码等所对应的字符或数字。输入完毕后再次按"定位/软键盘"功能按键保存退出。

图 2-3-15　软键盘功能界面

　　然后是业务设置，选择"业务设置"界面，此时需要对用户业务账号和密码进行设置，该信息是用户使用 IPTV 业务的认证，操作界面如图 2-3-16 所示。

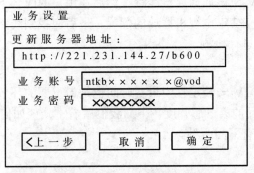

业务账号和密码是用户使用IPTV业务的认证，
在目前看来，业务账号和宽带账号基本一致，
但密码不同

图 2-3-16　业务设置界面

　　注意：在进入系统设置后不管有没有修改或设置相关参数，机顶盒都会提示重启，重启时千万不可断电。

　　6）开关机顺序

　　(1) 开机顺序：先打开宽带猫，再打开电视机，最后打开 IPTV 机顶盒。

　　(2) 关机顺序：先用遥控器的待机键让机顶盒待机，然后关闭 IPTV 机顶盒电源，再关闭电视机，最后关闭宽带猫。

四、FTTH 施工流程

1. 工单信息核对

　　(1) 装维人员每天应及时提取 IPTV 施工单，并注意工单业务信息中的内容。

　　(2) 确定带宽速率是否能满足 4 M 下行带宽。

2. 预约告之用户

　　(1) 预约用户的目的有预约上门时间、核对安装地址、获知用户家中布线情况和确定领料。

　　(2) 告之客户的内容有资费套餐信息、客户需自备物品和相关产品的优劣。

3. 材料领取勿漏

　　在材料室登记领取相应终端与材料时，要仔细检查终端产品包装与外表是否完好、组件是否齐全。若需要领取网络五类线，考虑到不破坏用户室内格局，应尽可能领取白色线，同时也要领取固定线路用的各类线卡。

4. 终端配置预做

　　各电信运营商对终端产品的配置方式各不相同，很多电信运营商都会进行预先设置处理，具体操作方法各运营商都不一样，在此不详细举例说明。

5. 上门查勘测试

在上门查勘测试时，装维人员应把宽带上网+IPTV 布线说明书展示给用户并加以说明，让用户了解该 IPTV 应该如何连接线路。然后在用户的配合下，熟悉室内线路布局和用户上网的电脑、收看 IPTV 电视机摆放的位置。最后应找到线路入户点，使用宽带测试仪表对线路的关键数值进行检测。

6. 讲究科学布线

室内布线是整个 IPTV 安装过程中最费时间也是最重要的环节，设计布线的好坏直接关系到用户对 IPTV 产品的第一感知度。下面我们就着重谈谈如何合理的布放线路，IPTV 最常用的网络连接方式有下面两种。

1) 有线连接

在画面上的接入方式窗口中，提供了 PPPoE、DHCP、LAN 三种接入方式，选择与业务类型相匹配的接入方式，显示界面如图 2-3-17 所示。

目前公众客户的接入方式为 PPPoE 拨号。网络电视上网接入账号的格式为宽带账号名，字母全部小写。若发现账号不正确，应该进行修改。

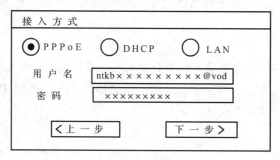

图 2-3-17　接入方式显示界面

2) 无线连接

无线设置窗口如图 2-3-18 所示。

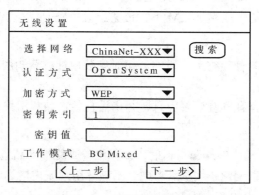

图 2-3-18　无线设置显示界面

使用遥控器上的方向键选择"搜索"按键，并按 OK 键，若搜索成功，选择网络的右侧下拉框中会出现智能无线猫的 SSID。认证方式根据智能无线猫上锁设置的 WEP 认证方式选择"Open System"(开放系统)或"Shared Key"(共享密钥)，加密方式只能选择"WEP"，密钥索引选择"1"。密钥值与智能无线猫里无线设置中预设密钥一致。按"下一步"后完成与有线连接同样的设置。设置好后按"确定"按钮将回到系统设置的主界面,选择"重启"按钮完成参数设置。

7. 连接设备重细节

机顶盒与电视机缆线连接如图 2-3-19 所示。

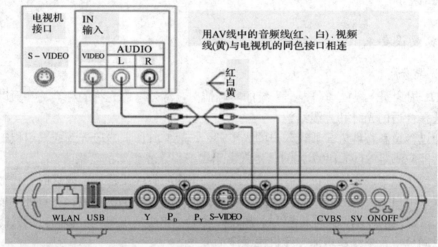

图 2-3-19 机顶盒与电视机缆线连接示意图

8. 账号密码巧验证

当打开机顶盒后电视屏幕上提示"1403 宽带用户名/密码错误"、"1903 无线网络连接失败"等错误信息的时候,不要急着用遥控器进入系统配置盲目修改,这会浪费很多时间,此时可在用户电脑里创建 IPTV 账号的拨号连接,联系相关部门检查错误信息进行处理,当电脑上拨号通过验证后,再使用遥控器进行设置修改。

9. 指导用户勤演示

(1) 教会用户正确的开关机顺序;
(2) IPTV 所涉及的各类业务都要向用户告知和演示。

10. 现场回单集反馈

在用户对安装工作满意后,将名片留给用户,并拨打回单号码,现场进行回单,让用户在工单上签字。

任务4 布线规范

【任务要求】

(1) 识记:
· 掌握布线规范标准及安全操作规范;

- 掌握熟悉布线仪器设备的规范安全操作。

(2) 领会：

- 能够根据用户实际需求情况确定具体布线路由；
- 能够根据不同场景来进行规范标准的线缆的布放。

【理论知识】

一、光缆敷设要求

1. 光缆选用

FTTH 用户引入段光缆需根据系统的实际情况，综合考虑光纤的种类、参数以及适用范围来选择合适的光纤和光缆结构。

除通过管道和直埋方式敷设入户的光缆外，一般 FTTH 入户段光缆应采用蝶形引入光缆，其性能应满足 YD/T 1997-2009《接入网用蝶形引入光缆》的要求。

在室内环境下，通过垂直竖井、楼内暗管、室内明管、线槽或室内钉固方式敷设的光缆，建议采用白色护套的蝶形引入光缆，以提高用户对施工的满意度；在室外环境下，通过架空、沿建筑物外墙、室外钉固方式敷设的光缆，建议采用黑色护套的自承式蝶形引入光缆，以满足抗紫外线和增加光缆机械强度的要求。

2. 施工人员组织

与铜质引入线相比较，蝶形引入光缆质量轻、能给施工带来便利，但由于光纤直径小、韧性差，因此又对施工工具、仪表和施工技术提出了更高的要求，增加了施工难度。因此，FTTH 用户引入段光缆的施工及管理人员需要注入新的线路施工与管理理念，掌握先进的光缆线路施工及维护技术和先进的管理方法，重新组织、安排施工作业小组。为确保 FTTH 入户光缆敷设的安全并提高施工效率，一般每个施工小组至少应由 2 人组成，并且每个人都应掌握入户光缆装维的基本技术要领和施工操作方法。

3. 光缆敷设的一般规定

(1) 入户光缆敷设前应考虑用户住宅建筑物的类型、环境条件和已有线缆的敷设路由，同时需要对施工的经济性、安全性以及将来维护的便捷性和用户满意度进行综合判断。

(2) 应尽量利用已有的入户暗管敷设入户光缆，对无暗管入户或入户暗管不可利用的住宅楼宜通过在楼内布放波纹管的方式敷设蝶形引入光缆。

(3) 对于建有垂直布线桥架的住宅楼，宜在桥架内安装波纹管和楼层过路盒，用于穿放蝶形引入光缆。如桥架内无空间安装波纹管，则应采用缠绕管对敷设在内的蝶形引入光缆进行包扎，以起到对光缆的保护作用。

(4) 由于蝶形引入光缆不能长期浸泡在水中，因此一般不适宜直接在地下管道中敷设。

(5) 敷设蝶形引入光缆的最小弯曲半径应符合：敷设过程中不应小于 30 mm；固定后不应小于 15 mm。

(6) 一般情况下，蝶形引入光缆敷设时的牵引力不宜超过光缆允许张力的 80%；瞬间最大牵引力不得超过光缆允许张力的 100%，且主要牵引力应加在光缆的加强构件上。

(7) 应使用光缆盘携带蝶形引入光缆，并在敷设光缆时使用放缆托架，使光缆盘能自动转动，以防止光缆被缠绕。

(8) 在光缆敷设过程中，应严格注意光纤的拉伸强度、弯曲半径，避免光纤被缠绕、扭转、损伤和踩踏。蝶形引入光缆敷设示范图如图2-4-1所示。

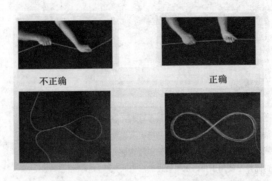

图 2-4-1　蝶型引入光缆敷设示范图

(9) 在入户光缆敷设过程中，如发现可疑情况，应及时对光缆进行检测，确认光纤是否良好。

(10) 蝶形引入光缆敷设入户后，为制作光纤机械接续连接插头预留的长度宜为：光缆分纤箱或光分路箱一侧预留 1.0 m，住户家庭信息配线箱或光纤面板插座一侧预留 0.5 m。

(11) 应尽量在干净的环境中制作光纤机械接续连接插头，并保持手指的清洁。

(12) 入户光缆敷设完毕后应使用光源光功率计对其进行测试，入户光缆段在 1310 nm、1490 nm 波长的光衰减值均应小于 1.5 dB，如入户光缆段光衰减值大于 1.5 dB，应对其进行修补，修补后还未得到改善的，需重新制作光纤机械接续连接插头或者重新敷设光缆。

(13) 入户光缆施工结束后，需用户签署完工确认单，并在确认单上记录入户光缆段的光衰减测定值，供日后维护参考。

二、光缆入户场景与施工方法

目前，采用蝶形引入光缆作为 FTTH 用户引入段光缆敷设入户的建筑物形态主要有公寓式住宅、市区旧区平房和农村地区住宅。根据建筑物实际情况，入户光缆的敷设又分为以建筑物为界的室内布线和室外布线，以用户住宅单元为界的户内水平布线和户外水平布线。其中市区旧区平房和农村地区住宅主要涉及室外布线和户内水平布线；公寓式住宅建筑不仅有户内水平布线，还涉及户外水平布线和室内布线。FTTH 用户引入段光缆的敷设需要根据不同的室内外和户内外场景条件，采用不同的光缆入户敷设方式，各种场景下光缆入户方式参考如表 2-4-1 所示。

1. 施工界面

蝶形引入光缆的敷设从局端 OLT 设备往下走的 ODF 架开始，包括 ODF 架成端、光缆交接箱位置的选择与安装、光分录器箱位置的选择与安装、用户终端设备位置的确定与安装以及室外、室内缆线的敷设等。蝶形引入光缆敷设的施工界面示意图如图 2-4-2、图 2-4-3 所示。

表 2-4-1　各种场景下光缆入户方式参考表

住宅建筑类型	光缆入户方式		光缆敷设方式
市区旧区平房农村地区住宅	架空		支撑件
	沿墙		支撑件
			波纹管
			钉固件
公寓式住宅	有暗管		穿管
	无暗管	户外	波纹管
			线槽
			钉固件
		户内	线槽
			钉固件

◆ 支撑件用于室外架空、沿墙敷设自承式蝶形引入光缆。

◆ 波纹管适用于室外沿墙布放蝶形引入光缆。

◆ 线槽主要用于室内、户内水平布放蝶形引入光缆。

◆ 钉固件主要用于户内水平敷设蝶形引入光缆和室外沿墙敷设

自承式蝶形引入光缆

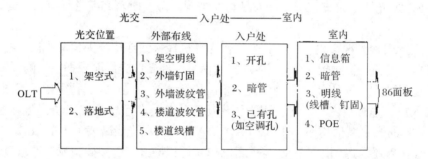

图 2-4-2　蝶形引入光缆敷设的施工界面示意图(1)

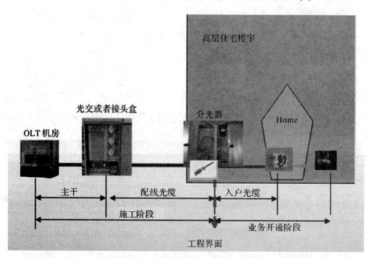

图 2-4-3　蝶形引入光缆敷设的施工界面示意图(2)

2. 施工工序流程

FTTH 入户光缆的施工一般分为准备、施工(包括敷设、接续)和完工测试 3 个阶段，工序流程如图 2-4-4 所示。

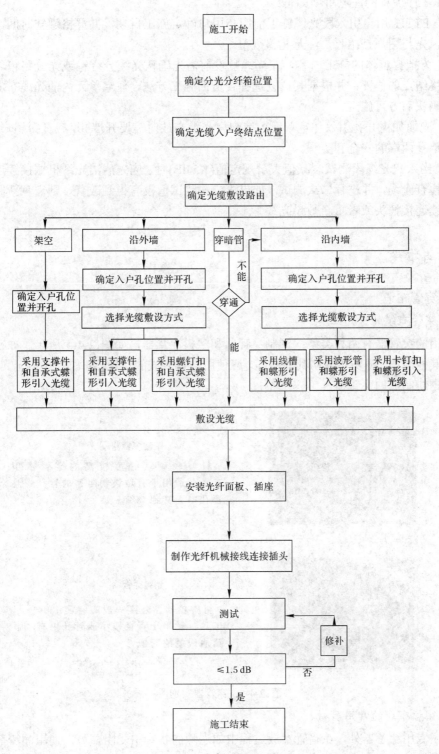

图 2-4-4　施工工序流程

3. 施工工序流程注意事项

施工工序流程的注意事项如下：

(1) FTTH 用户引入段光缆施工前应与用户确定施工日期，并严格遵守时间，到达用户处后，先与用户打招呼，注意礼仪规范。

(2) 为把握整体的施工内容，在光缆敷设前需先确认光缆分纤箱或光分路箱以及光缆入户后终结点的位置，并根据其位置选择合适的施工方法，住宅单元内的光缆布放方法需经用户确认后方可施工。

(3) 光缆如需开孔引入住宅单元内或户内光缆布放时需要开墙孔，应征得用户的同意，并确保墙孔两端的安全和美观。

(4) 当入户光缆段测试衰减值大于规定值(1.5 dB)时，应先清洁光纤机械接续连接插头端面和检查光缆，并进行二次测试。如果第二次测试值没有得到改善，则需重新制作光纤机械接续连接插头或者重新敷设光缆。

三、室内布线

1. 穿管布缆

1) 穿管布缆的专用工具

常用的穿管器有两种类型：钢制穿管器和塑料穿管器，如图 2-4-5 所示。如在管孔中敷设有其他线缆，为防止损伤其他线缆，应使用塑料制成的穿管器；如管孔中无其他线缆，可使用钢线制成的穿管器。

钢制穿管器

材质较硬、强度较高的穿管牵引工具，适用于有垃圾物阻塞的管孔，且管孔内无其他线缆。

塑料穿管器

材质较软、强度一般的穿管牵引工具，适用于管径较小或管孔内有其他线缆的管道。

图 2-4-5　穿管器实物图

2) 穿管布缆的常用器材

除了专用穿管器外，在暗管穿放过程中如遇障碍物牵引受阻，可以使用润滑剂减小摩擦阻力，辅助牵引。润滑剂实物如图 2-4-6 所示。

润滑剂

穿管时使用的润滑剂，可以降低穿管器牵引线或蝶形引入光缆在穿放时的摩擦效果。

图 2-4-6 润滑剂实物图

3) 穿管布缆的施工步骤

穿管布缆的施工步骤如下：

(1) 根据设备(光分路器、ONU)的安装位置，以及入户暗管和户内管的实际布放情况，查找、确定入户管孔的具体位置。

(2) 先尝试把蝶形引入光缆直接穿放入暗管，如能穿通，即穿缆工作结束，至步骤(8)。

(3) 无法直接穿缆时，应使用穿管器。如穿管器在穿放过程中阻力较大，可在管孔内倒入适量的润滑剂或者在穿管器上直接涂上润滑剂，再次尝试把穿管器穿入管孔内，如能穿通，至步骤(6)。

(4) 如在某一端使用穿管器不能穿通的情况下，可从另一端再次进行穿放，如还不能成功，应在穿管器上做好标记，将牵引线抽出，确认堵塞位置，向用户报告情况，重新确定布缆方式。

(5) 当穿管器顺利穿通管孔后，把穿线器的一端与蝶形引入光缆连接起来，制作合格的光缆牵引端头(穿管器牵引线的端部和光缆端部相互缠绕 20 cm，并用绝缘胶带包扎，但不要包得太厚)，如在同一管孔中敷设有其他线缆，宜使用润滑剂，以防止损伤其他线缆。

(6) 将蝶形引入光缆牵引入管时的配合是很重要的，应由二人进行作业，双方必须相互间喊话，例如牵引开始的信号、牵引时的互相间口令、牵引的速度以及光缆的状态等。由于牵引端的作业人员看不到放缆端的作业人员，所以不能勉强硬拉光缆。

(7) 将蝶形引入光缆牵引出管孔后，应分别用手和眼睛确认光缆引出段上是否有凹陷或损伤，如果有损伤，则放弃穿管的施工方式。

(8) 确认光缆引出的长度，剪断光缆。注意千万不能剪得过短，必须预留用于制作光纤机械接续连接插头的长度。

2. 线槽布缆

1) 线槽布缆的常用器材

新型线槽及其配件在室内是采用明线暗敷方式的首选。一是因为施工便捷能有效保护室内光缆，二是能起到一定的美观作用，其实物图如图 2-4-7 所示。

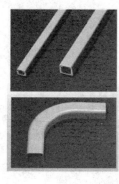

直线槽
采用线槽方式直线路由敷设蝶形引入光缆时使用。

阳角
线槽在外侧直角转弯处使用。

弯角
线槽在平面转弯处使用。

阴角
线槽在内侧直角转弯处使用。

线槽软管
线槽在跨越电力线或在墙面弯曲、凹凸处使用。

收尾线槽
在线槽末端处使用，起保护光缆的作用。

封洞线槽
线槽方式敷设蝶形引入光缆时，在光缆穿越墙洞处使用。

光缆固定槽
用于线槽内蝶形引入光缆的固定。

双面胶
采用粘贴方式布放线槽时使用。

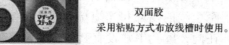

图 2-4-7　新型线槽及其配件实物图

2) 线槽布缆的施工步骤

线槽布缆的施工步骤如下：

(1) 选择线槽布放路由。为了不影响美观，应尽量沿踢脚线、门框等布放线槽，并选择弯角较少，且墙壁平整、光滑的路由(能够使用双面胶固定线槽)。

(2) 选择线槽安装方式(双面胶粘帖方式或螺钉固定方式)。

(3) 在采用双面胶粘帖方式时，应用布擦拭线槽布放路由上的墙面，使墙面上没有灰尘和垃圾，然后将双面胶贴在线槽及其配件上，并粘贴固定在墙面上。

(4) 在采用螺钉固定方式时，应根据线槽及其配件上标注的螺钉固定位置，将线槽及其配件固定在墙面上，一般 1 m 直线槽需用 3 个螺钉进行固定。

(5) 根据现场的实际情况对线槽及其配件进行组合，在切割直线槽时，由于线槽盖和底槽是配对的，一般不宜分别处理线槽盖和底槽。

(6) 把蝶形引入光缆布放入线槽，关闭线槽盖时应注意不要把光缆夹在底槽上。

(7) 确认线槽盖严实后，用布擦去作业时留下的污垢。

3) 线槽布缆的装置规格

线槽布缆安装示意图如图 2-4-8 所示。

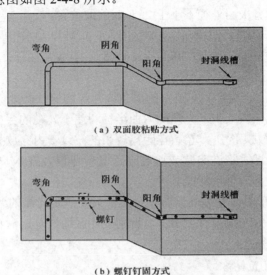

图 2-4-8　线槽布缆安装示意图

3. 波纹管布缆

1) 波纹管布缆的常用器材

波纹管由于其韧性较好，可直接跨越障碍物，在室外或室内弱电井、楼道等场景条件下应用，既可以保护光缆，也可以起到一定的美观作用，其实物图如图 2-4-9 所示。

波纹管
室内外采用明管暗线方式敷设
蝶形引入光缆时使用。

过路盒锁扣
波纹管与过路盒的接口。

过路盒封堵
波纹管末端处使用。

过路盒
波纹管分支处或管内蝶形引入光
缆引出处使用。

管卡
用于波纹管的固定。

图 2-4-9　波纹管及其配件实物图

2) 波纹管布缆的施工步骤

波纹管布缆的施工步骤如下：

(1) 选择波纹管布放路由。波纹管应尽量安装在人手无法触及的地方，且不要设置在有损美观的位置，一般宜采用外径不小于 25 mm 的波纹管。

(2) 确定过路盒的安装位置。在住宅单元的入户口处以及水平、垂直管的交叉处设置过路盒；当水平波纹管直线段长超过 30 m 或段长超过 15 m 并且有 2 个以上的 90°弯角时，应设置过路盒。

(3) 安装管卡并固定波纹管。在路由的拐角或建筑物的凹凸处，波纹管需保持一定的弧度后安装固定，以确保蝶形引入光缆的弯曲半径和便于光缆的穿放。

(4) 在波纹管内穿放蝶形引入光缆(在距离较长的波纹管内穿放光缆时可使用穿管器)。

(5) 连续穿越两个直线路过路盒或通过过路盒转弯以及在入户点牵引蝶形引入光缆时，应把光缆抽出过路盒后再行穿放。

(6) 过路盒内的蝶形引入光缆不需留有余长，只要满足光缆的弯曲半径即可。光缆穿通后，应确认过路盒内的光缆没有被挤压，特别要注意通过过路盒转弯处的光缆。

(7) 关闭各个过路盒的盖子。

3) 波纹管布缆的装置规格

波纹管及其配件安装示意图如图 2-4-10 所示。

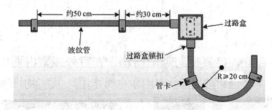

波纹管固定装置规格

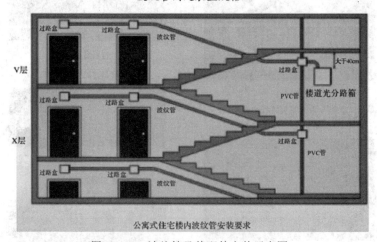

公寓式住宅楼内波纹管安装要求

图 2-4-10　波纹管及其配件安装示意图

4. 钉固布缆

1) 钉固布缆的常用器材

钉固件布缆的主要优点就是施工简便，可用于室外、室内光缆的明线敷设。该方式对于保护蝶形引入光缆相对其他方式要差些，适应于用户装修要求不高的老旧小区，其实物图如图 2-4-11 所示。

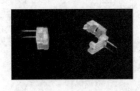

卡钉扣
在室内采用直接敲击的钉固方式敷设碟形引入光缆的塑料夹扣。

螺钉扣
在室内采用螺丝钉固方式敷设自承式蝶形引入光缆的塑料夹扣。

图 2-4-11　钉固件实物图

2) 钉固布缆的施工步骤

钉固布缆的施工步骤如下：

(1) 选择光缆钉固路由，一般光缆宜钉固在隐蔽且人手较难触及的墙面上。

(2) 在室内钉固蝶形引入光缆应采用卡钉扣；在室外钉固自承式蝶形引入光缆应采用螺钉扣。

(3) 在安装钉固件的同时可将光缆固定在钉固件内，由于卡钉扣和螺钉扣都是通过夹住光缆外护套进行固定的，因此在施工中应注意一边目视检查，一边进行光缆的固定，必须确保光缆无扭曲，且钉固件无挤压在光缆上的现象发生。

(4) 在墙角的弯角处，光缆需留有一定的弧度，从而保证光缆的弯曲半径，并用套管进行保护。严禁将光缆贴住墙面沿直角弯转弯。

(5) 采用钉固布缆方法布放光缆时需特别注意光缆的弯曲、绞接、扭曲、损伤等现象。

(6) 光缆布放完毕后，需全程目视检查光缆，确保光缆上没有外力的产生。

3) 钉固布缆的装置规格

钉固布缆示意图如图 2-4-12 所示。

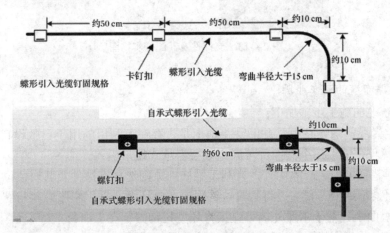

图 2-4-12　钉固布缆示意图

5. 支撑件布缆

1) 支撑件布缆的常用器材

支撑件布缆是在室外架空方式条件下的应用。通过一套支撑件能有效的支撑和寄挂自承式蝶形引入光缆，且不对光缆传输质量造成较大影响，其实物图如图 2-4-13 所示。

紧箍钢带
在电杆上固定挂杆设备，自承式蝶形引入光缆拉钩等支撑器材的钢带。

紧箍夹
在电杆上将紧箍钢带收紧并固定的夹扣。

紧箍拉钩
采用紧箍钢带安装在电杆上，用于将S固定件连接固定在电杆上的器件。

C型拉钩
采用螺丝安装在建筑物的外墙，用于将S固定件连接固定在建筑物外墙上的器件。

S固定件
用于结扎自承式蝶形引入光缆的吊线，并将光缆拉挂在支撑器件上。

环形拉钩
采用自攻式螺丝端头，用于将S固定件连接固定在木质材料上的器件。

理线钢圈
用于电杆上蝶形引入光缆的垂直走线。

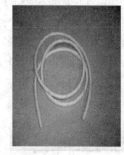

纵包管
采用纵向包封方式对蝶形引入光缆进行包扎保护，主要用于架空、挂墙布线时的自承式蝶形引入光缆的结扎处。

图 2-4-13　支撑件及其配件实物图

2）支撑件布缆的施工步骤

支撑件布缆的施工步骤如下：

（1）确定光缆的敷设路由，并勘察路由上是否存在可利用的用于已敷设自承式蝶形引入光缆的支撑件，一般每个支撑件可固定 8 根自承式蝶形引入光缆。

（2）根据装置牢固、间隔均匀、有利于维修的原则选择支撑件及其安装位置。

（3）采用紧箍钢带与紧箍夹将紧箍拉钩固定在电杆上；采用膨胀螺丝与螺钉将 C 型拉钩固定在外墙面上，对于木质外墙可直接将环型拉钩固定在上面。

（4）分离自承式蝶形引入光缆的吊线，并将吊线扎缚在 S 固定件上，然后拉挂在支撑件上，当需敷设的光缆长度较长时，宜选择从中间点位置开始布放。

（5）用纵包管包扎自承式蝶形引入光缆吊线与 S 固定件扎缚处的余长光缆。

（6）自承式蝶形引入光缆与其他线缆交叉处应使用缠绕管进行包扎保护。

（7）在整个布缆过程中应严禁踩踏或卡住光缆，如发现自承式蝶形引入光缆有损伤，需考虑重新敷设。

3) 支撑件布缆的装置规格

支撑件布缆的装置规格如图 2-4-14 至图 2-4-17 所示。

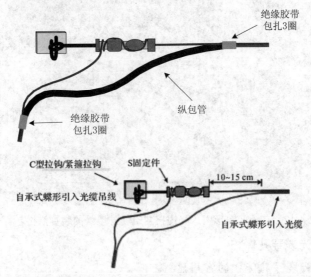

图 2-4-14　自承式蝶形引入光缆吊线扎缚在 S 固定件上的规格示意图

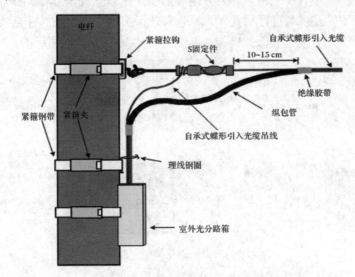

图 2-4-15　自承式蝶形引入光缆在杆路终结处的装置规格示意图

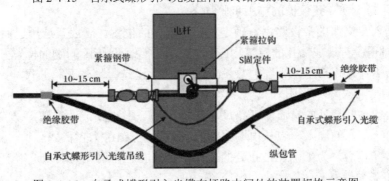

图 2-4-16　自承式蝶形引入光缆在杆路中间处的装置规格示意图

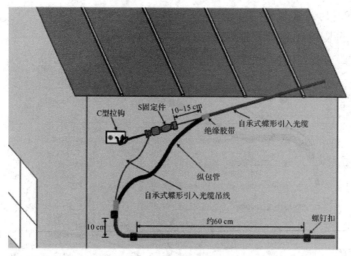

图 2-4-17   自承式蝶形引入光缆在建筑物外墙处的装置规格示意图

6. 墙壁开孔与光缆穿孔保护

1) 墙壁开孔与光缆穿孔保护的常用器材

蝶形引入光缆从室外引入室内，为方便蝶形引入光缆穿放，需要选择合理的路由和孔洞，但很多情况下需要现场进行钻孔入户。为有效保护蝶形引入光缆在穿放时不人为附加损耗，需对蝶形引入光缆采取保护措施，其配件实物图如图 2-4-18 所示。

过墙套管
蝶形引入光缆在户内洞口处穿越墙洞时的美观与保护材料。

封堵泥
用于室外墙洞洞口处在管线穿越后的防水封堵。

缠绕管
采用缠绕方式对蝶形引入光缆进行包扎保护，主要在光缆穿越墙洞与障碍物时使用。

硅胶
开墙洞穿越蝶形引入光缆或分插安装支撑器件处的防水封堵材料。

图 2-4-18   开孔入户保护用配件实物图

2) 墙壁开孔与光缆穿孔保护的施工步骤

墙壁开孔与光缆穿孔保护的施工步骤如下：

(1) 根据入户光缆的敷设路由，确定其穿越墙体的位置。一般宜选用已有的弱电墙孔穿放光缆，对于没有现成墙孔的建筑物应尽量选择在隐蔽且无障碍物的位置开启过墙孔。

(2) 判断需穿放蝶形引入光缆的数量(根据住户数)，选择墙体开孔的尺寸，一般直径为 10 mm 的孔可穿放 2 条蝶形引入光缆。

(3) 根据墙体开孔处的材质与开孔尺寸选取开孔工具(电钻或冲击钻)以及钻头的规格。

(4) 为防止雨水的灌入，应从内墙面向外墙面并倾斜 10° 进行钻孔。

(5) 墙体开孔后，为了确保钻孔处的美观，内墙面应在墙孔内套入过墙套管或在墙孔口处安装墙面装饰盖板。

(6) 如所开的墙孔比预计的要大,可用水泥进行修复,应尽量做到洞口处的美观。

(7) 将蝶形引入光缆穿放过孔,并用缠绕管包扎穿越墙孔处的光缆,以防止光缆裂化。

(8) 光缆穿越墙孔后,应采用封堵泥、硅胶等填充物封堵外墙面,以防雨水渗入或虫类爬入。

(9) 蝶形引入光缆穿越墙体的两端应留有一定的弧度,以保证光缆的弯曲半径。

3) 墙壁开孔与光缆穿孔保护的施工规格

墙壁开孔与光缆穿孔保护示意图如图 2-4-19 所示。

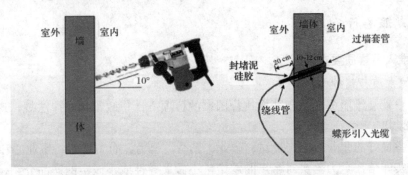

图 2-4-19 墙壁开孔与光缆穿孔保护示意图

7. 其他常用工具

为在入户光缆施工中提高施工质量、保障施工人员人身安全、缩短施工作业时间、减少维护工作量,建议各施工小组配备表 2-4-2 所示的常用施工工具。

表 2-4-2 常用的其他工具列表

序号	工具名称	序号	工具名称	序号	工具名称	序号	工具名称	序号	工具名称
1	竹梯	7	麻花钻头	13	电工刀	19	角磨机、手提砂轮切割机	25	红光笔(红光光源)
2	八字梯	8	开孔器/开孔钻头	14	美工刀	20	光缆盘托架	26	光功率计
3	冲击钻	9	斜口钳	15	钢锯	21	电源插座拖线盘	27	光纤切割刀
4	水泥钻头	10	尖嘴甜	16	奶头锤	22	穿管器	28	米勒钳(涂覆层剥除钳)
5	电钻	11	一字螺丝起子	17	电筒	23	保安带	29	酒精壶
6	木工钻头	12	十字螺丝起子	18	硅胶枪	24	防水型头戴照明灯	30	光纤连接插头清洁器

任务5 服务规范

【任务要求】

(1) 识记:

- 了解末端装维业务上门服务规范礼仪；
- 掌握相关业务管理流程和专业知识，熟识相关操作和测试流程；
- 掌握熟悉各业务的开通流程和用户预约流程。

(2) 领会：

- 末端装维业务规范的服务礼仪。

【理论知识】

一、客户端服务行为

1. 装维人员素质要求

1) 品德素质与精神面貌要求

(1) 客户端装维服务人员应严格执行国家的各项方针、政策和法律法规，遵守电信企业各项规章制度。

(2) 具备良好的职业道德，爱岗、敬业、勤奋、努力，有责任心、事业心和进取心。

(3) 诚实守信，全力落实对客户的承诺，不做误导性或不诚实的产品介绍，自觉维护客户的权益。

(4) 具有良好的团队精神，注意主动沟通、团结、协作。

(5) 努力学习，善于思考，不断提高自身综合素质和能力。

2) 业务素质要求

(1) 上门服务人员应熟悉本职工作内容，掌握相关业务的管理流程和专业知识，熟识相关操作和测试流程，具有一定的相关工作经验。

(2) 具有较好的工作计划、组织、控制能力，良好的沟通能力和较高的工作效率。

(3) 掌握一定的社会学和公共关系学方面的知识，并能有效地将这些知识应用于实际工作中。

3) 技术能力要求

(1) 掌握接入网、PON 技术、计算机和计算机网络、以太网、FTTX 装维技术等相关基础知识。

(2) 掌握各种业务开通、调测流程，熟悉客户终端设备的安装和使用方法，掌握各种业务开通、调测中所用仪表的使用方法，具有一定的故障判断、定位和处理能力。

4) 仪容仪表要求

(1) 头发整洁，长短适中，梳理整齐，男性装维服务人员发长不得超过衬衫的衣领上缘，女性装维服务人员不得浓妆艳抹，要举止端庄。

(2) 着装应季得体整洁，保持良好的个人卫生习惯。

(3) 面对客户亲切友善，服务中神情专注、自信。

2. 装维人员的行为要求

(1) 上门服务前要带齐 "七个一"，即一套工装、一块工号牌、一双鞋套、一块垫布、一块抹布、一张服务卡、一张服务监督调查表。

(2) 在与客户接触过程中使用规范服务用语，不得使用服务禁语。

(3) 严格遵守客户端管理规定，在客户端进行操作服务时任何可能涉及影响客户已有环境、设施等的操作必须征得客户的同意。

(4) 上门服务人员应在预约时间前 5 分钟到达现场；若因特殊原因无法准时到达的，应及时通知客户并取得客户的谅解；若因特殊原因确实需要改变上门服务时间的，应至少提前 2 个小时通知客户，解释时间变更的原因并致歉，态度要诚恳，语气要委婉，并根据客户的具体情况重新约定上门服务时间。上门服务前不得饮酒。

(5) 到达客户端，如需按门铃，按动按钮次数不要过多、过长；敲门动作要轻。如在 10 分钟内无人应答且与用户联系不上时，在留下书面到访留言后方可离去，到访留言上应写明到访时间、离开时间、联系电话、联系人等相关内容。

(6) 客户开门后，要主动向客户出示工号牌并自我介绍，得到允许后方能进入。进入客户室内必须穿好鞋套。

(7) 施工过程中确实需要挪动物品时，必须得到客户的许可，施工完毕后放回原位。施工、维护作业中不准指使客户或叫客户留人帮助搬运施工器材或施工。

(8) 在服务工作中，对客户提出的要求，在符合规定、条件允许的情况下，应予满足；对客户的不合理要求，应给予耐心解释并婉言拒绝；对不清楚或没有把握回答、解决的问题，要以"客户满意就是我们的工作标准"为前提，做好解释工作，并尽快将解决方案或处理意见反馈给用户，绝对不能当场进行承诺。

(9) 在装维服务中，当出现施工条件不具备的情况或出现无法解决的问题时，装维人员应及时向派单部门汇报，协调相应部门进行处理。若处理所需时间较长，装维人员需向客户做好解释工作，征得客户同意后方可离去。待确认施工条件具备或确认不属于客户端类问题解决后，再重新预约客户上门进行装维工作。

(10) 在装维服务中服务人员态度应诚恳和蔼，作业期间保持精神专注。在客户室内不喝水、不吸烟、不吃东西，不接受客户的馈赠物品。

(11) 在装维服务期间若出现工作差错，应当面向客户致歉，并及时纠正。

(12) 在装维服务中，原则上不使用客户的电话，若测试需要应尽量使用免费号码，确实需要拨测收费电话的，应向客户说明并得到同意后方可使用，使用时间应尽量简短。

(13) 处理带风险性的故障，应向客户解释存在的风险及后果，尽量做好应急防范或数据备份措施，在征得客户同意后方能实施操作。

(14) 装维服务作业结束后，要将客户的终端设备擦拭干净，将工作现场清理干净。

二、客户端服务语言

1. 电话预约用语

(1) 电话接通时，确认通话对象并做自我介绍——"您好，请问是＊先生(女士)吗？我是电信公司的工作人员，工号＊＊＊或＊＊＊(姓名)。"

(2) 确认客户是否讲话方便——"请问您现在讲话方便吗？"

(3) 如果客户要求过一会儿再联系，确认下次联系时间——"好的，我稍后再和您联系，不好意思打扰了！"

(4) 客户表示讲话方便，则说明通话事由——"＊先生(女士)，您办理的＊＊(固话、宽带、IPTV 等)业务(装机、移机)需求，我们已经知晓，将由我为您提供后续服务。"

(5) 告知客户注意、准备事项——"为了能快速顺利地为您安装 ** 业务，我们需要您配合确认两个问题：一、电脑是否已正常安装；二、电脑是否已配置网卡，并且运行正常。"

(6) 客户表示已完成准备工作，则确认服务时间——"根据您办理业务时约定的上门服务时间 *日上午/下午，我将按时上门为您安装，您看可以吗？""好的，我将在 *日上午/下午上门为您服务。

(7) 如果客户认同预约的时间，确认地址——"请问您家的地址是 ** 街 *号 *栋 *单元 *号吗？"

(8) 确认联系方式——"我的联系电话是 **********，如果有任何变化请您提前和我联系。"

(9) 最后，礼貌再见——"谢谢您，再见！"

2. 变更预约用语

(1) 如果所约的时间客户不方便，征询客户意见——"请问您什么时候方便在家？"

(2) 如果客户选定时间——"好的，我将预计 *日 *时上门为您服务，谢谢您的理解和支持，再见！"

(3) 如果是局方原因导致改约，则向客户表示歉意并解释原因——"非常抱歉，原定于 *日 *时上门为您安装 ** 业务(固话、宽带、IPTV)，由于 *** 具体原因，(比如：您申请的装、移机所在地资源不具备)暂时不能安装，不得不推迟，给您带来的不便，我们深表歉意！预计 *天内(或 *月前)可以解决。"如果您不愿意等待，可在 *天之后到营业厅办理退费手续。

(4) 向客户建议新的时间段，征询客户意见——"* 先生(女士)，*日(最近的时间段)，我们将为您进行(装机、移机)** 业务，您看 *时合适吗？"

(5) 如果客户同意约定时间——"好的，我将预计在 *日 *时上门为您服务，谢谢您的理解和支持，再见！"

3. 进门服务用语

(1) 敲门或按门铃后，当听到客户询问时，在门外简单报明身份——"您好！请问是 ** 先生(女士)家吗？我是电信公司工作人员，我来为您(装、移、维修)宽带(固话)业务。"

(2) 客户开门后，向客户说明身份——"我是电信公司工作人员，***(全名或工号)，这是我的工作证(出示胸卡或工作证)。"

(3) 确认客户称呼——"请问，您贵姓？"

(4) 如因故迟到应向客户表示歉意——"非常抱歉，我迟到了，耽误您的时间请原谅！"

(5) 当客户表示理解时——"谢谢您的理解！"(预计迟到将超过 10 分钟应打电话通知客户，参照变更预约程序。)

4. 服务过程中用语

(1) 与客户商量作业地点——"* 先生(女士)，请问您想将 ** 业务终端安放在什么位置？"

(2) 发现客户要求安装的位置不适当时——"对不起，这个地方太潮湿(或不安全、或容易发生故障、或影响上网质量),您看能不能换个位置?"

(3) 新装(加装)设备如需更改布线,征得客户同意后方可施工——"*先生(女士),由于**具体原因,需要改布线,您看行吗?"

(4) 向客户再次确认故障现象——"*先生(女士),请问您的**业务故障现象是***吗?"

(5) 当需要客户配合时——"对不起,能请您协助我***吗?麻烦您……,好吗?"

5. 服务结束后用语

(1) 如作业顺利完成,请客户检查确认——"*先生(女士),您的**业务已装(移)结束,或您的**业务故障已经排除,简要介绍故障原因(如线路故障、设备故障、外力干扰、天气原因、您的***原因等问题),请您再试试看。"

(2) 如作业不能当场完成,向客户解释原因——"您的**业务暂时无法装(移)(故障暂时无法排除),还需要……(说明具体业务范围并解释原因),非常抱歉,我将在*时内为您解决,您看可以吗?"

三、客户端服务人员着装要求

(1) 装维人员为客户上门服务时,应根据季节的不同穿着统一服装,着装要整洁,纽扣要齐全。

(2) 穿着长袖衬衫时袖口要放下并且系上袖口纽扣,衬衫下摆要扎在西裤内,衬衫领口和袖口从外面看不得有污迹;穿着夹克衫时要拉上拉链,禁止敞怀;也不得将长裤卷起裤腿。

(3) 装维人员为客户上门服务时应穿绝缘鞋、皮鞋或深色胶鞋,禁止穿拖鞋或将鞋穿成拖鞋状。

(4) 装维人员在客户端施工时应按安全生产规程要求,佩戴具有电信标志的安全帽。

(5) 装维人员到客户端工作时,必须在胸前佩戴工号牌,工号牌上应有企业标志、本人照片、姓名、所在部门、工号等内容。

任务6 安 全 规 范

【任务要求】

(1) 识记:
- 了解电信线路作业安全技术规范;
- 掌握相关业务管理流程和专业知识,熟识相关操作和测试流程;
- 掌握熟悉各业务开通流程和用户预约流程。

(2) 领会:
- 能够具有一定的故障判断、定位和处理能力。

【理论知识】

一、电信线路作业安全技术规范

1. 作业环境安全

1) 城镇及道路作业

在城镇及道路的下列地点作业时，必须设立明显的安全警示(警告)标志，必要时应设防护围栏，特殊情况下请交通警察协助。

(1) 街巷拐角、道路转弯处。

(2) 有碍行人或车辆通行处。

(3) 需要车辆临时停止通行处。

(4) 挖掘的坑、洞、沟处。

(5) 架空线缆接续处。

(6) 已揭开盖的人(手)孔处。

(7) 跨越十字路口和直行道路中央处等。

在城镇道路十字路口处测量作业时，应动作迅速。携带较长的测量器材和设备应防止触碰行人、车辆；手持标杆，尖端应向下；肩扛标杆，尖端应向前上方；传递标杆严禁抛、掷。安全警示标志和防护设施应随作业地点的变动而转移，作业完毕应迅速撤除。在设置的作业区作业时，应防止非作业人员进入工作场地。严禁非作业人员接近和触碰下列工具与设施：

(1) 揭盖的人(手)孔或立杆吊架以及悬挂物。

(2) 接续线缆的设备和材料、燃烧的喷灯、照明灯等。

(3) 使用的绳索、滑车、紧线器及其他料具。

(4) 使用的各种机械和电气设备。

(5) 正在敷设或拆除的线缆和电杆及附属设施等。

在道路和街道上挖沟、坑、洞时，除需设立安全警示标志外，必要时应用坚固的盖板盖好或搭临时便桥，并设专人疏导车辆和行人。沿高速公路作业时应遵守：

(1) 必须将施工的具体地点、时间和施工方案报高速公路管理部门，经批准后方可作业。

(2) 必须在距离作业点来车方向 200 m 处逐级设置安全警示标志。

(3) 所用的工具、料具应安全地堆放在路基护栏外侧或隔离带内。

(4) 作业人员必须穿着带有反光条的工作服。

2) 电力线附近作业

(1) 在作业过程中遇有不明用途的线条，一律按电力线处理，不准随意剪断。

(2) 在高压线下方或附近进行作业时，作业人员的身体(含超出身体以外的金属工具或物件)距高压线及电力设施最小间距应保持：1～35 kV 的线路为 2.5 m；35 kV 以上的线路为 4 m。

(3) 当电力线在电信线上方交越时，必须停电后作业，作业人员的头部禁止超过杆顶，所用的工具与材料不准接近电力线及其附属设施。

(4) 如需停电作业，必须事先与电力部门取得联系征得同意，约定具体停电时间，对停电线路应挂安全提示(警告)牌，并取下保险盒，作业人员对停电线路在作业前应进行验电，在征得电力部门的同意后由专业人员在电力线路上临时采取短路接地措施，作业时仍须戴绝缘手套、穿绝缘鞋、戴安全帽和使用绝缘工具；作业完毕拆除短路接地设施，待电力部门验收后，再恢复送电。

(5) 上杆作业前，应检查架空线缆，确认其不与电力线接触后，方可上杆；上杆后，先用试电笔对吊线及附属设施进行验电，确认不带电后再作业。

(6) 在电信线、电力线、有线电视线和广播线混用的杆上作业时，严禁触碰杆上的电力线、有线电视线和广播线及变压器、放大器等设备。

(7) 在电力用户线上方架设线缆时，严禁将线缆从电力线上方抛过，严禁压电力线拖拉作业，必须在跨越处做保护架，将电力线罩住，施工完毕后再拆除。

(8) 在高压电力线下方架设线缆，应在高压线与线缆交越之间做保护装置，防止在敷设线缆或紧线时线缆弹起，触及高压电力线。

(9) 当电信线与电力线接触或电力线落在地上时，除指定专人采取措施排除事故外，其他人员必须立即停止作业，保护现场，禁止行人进入危险地带；不准用导电物体触动钢绞线或电力线；事故未排除前，禁止恢复作业。

(10) 在地下线缆与电力电缆交叉或平行埋设的地区施工时，必须反复核对位置，确认无误后方可作业。

(11) 在带有金属顶棚的建筑物上作业，作业前应戴好绝缘手套、穿绝缘鞋，并对顶棚进行验电，接好地线；作业人员离开顶棚后再拆除地线；拆除地线时，身体不准触及地线。

(12) 作业现场临时用电必须使用带有漏电保护装置的电源接线盘，在供电部门或用户同意下指派专人接线；使用的导线、工具必须保证绝缘良好。

3) 铁路沿线及江河岸边作业

(1) 严禁在铁路路基或桥梁上休息。

(2) 严禁在铁轨上或双轨中间行走。

(3) 携带较长的工具、材料在铁路沿线行走时，所携带的工具、材料应与路轨平行，并应注意避让。

(4) 跨越铁路时，必须注意铁路的信号灯和来往的火车。

(5) 遇有河流，在未弄清河水深浅时，不准趟水过河。

(6) 在江河、海上及水库等水面上作业时，应配置与携带必要的救生用具，作业人员必须穿好救生衣，听从统一指挥。

(7) 在洪水季节严禁泅渡过河；在融冰季节或冰的承载力不够时禁止从冰上通过。

(8) 在铁路、桥梁及有船只航行的河道附近作业，不准使用红旗或红灯等信号标志，应使用市政等有关部门规范的标志。遇有火车、船只通过时，应将使用的大标旗放倒或收起，以免引起误会而发生意外。

2. 器材储运安全

1) 一般安全规定

(1) 搬运器材，必须对担、杠、绳、链、撬棍、滚筒、滑车、抬钩、绞车、跳板等进行检查，并保证能承担足够的负荷；破损、腐蚀、腐朽的，不准使用。

(2) 物体捆绑要牢靠，着力点应放在物体允许处，受剪切力的位置应加保护。

(3) 机动车载运严禁超载，载物的长、宽、高不准违反装载规定；若运载超限的不可解体的物品，影响交通安全时，应按照相关管理部门指定的时间、路线、速度行驶，并悬挂明显的警示标志。

(4) 施工运输严禁客、货混装；若需人员看护车厢内器材，应当设置保护设施。

(5) 器材传递不准抛掷；堆放器材不准妨碍交通。

2) 搬运线缆

(1) 装卸线缆必须有专人指挥，行动一致。

(2) 线缆装车后，应将缆盘固定在座架上，并将座架与车身捆扎牢固，若车上无线缆盘座架，必须垫以三角木枕加固。

(3) 运输途中禁止作业人员坐、立在缆盘的前后方及缆盘上，应随时检查三角木枕和缆盘移动情况，若发现问题立即停车处理。

(4) 人工装卸时严禁将缆盘直接从车上推下，应用粗细适合的绳索绕在缆盘或铁轴心上，再使用足够的人力或绞车、滑车控制缆盘，缓慢顺跳板(槽钢)滚下，其他人员应站在跳板(槽钢)两侧，3 m 以内不准有人。

(5) 在人力滚动缆盘时，推轴人员不准站在缆盘运行前方；上、下坡时应在缆盘轴中心孔穿铁管，并在铁管上拴绳索平稳牵引，滚动路面坡度不宜超过 15°；停顿时，应将绳索拉紧，及时制动。

3. 高处作业安全

高处作业指符合国家标准《高处作业分级》CB3608—1983 规定的"凡在坠落高度基准面 2 m 以上(含 2 m)有可能坠落的高处进行的作业。"

1) 一般安全规定

(1) 患有心脏病、贫血、高血压、癫痫病和其他不适宜高处作业的人员不准从事高处作业；从事高处作业人员在身体不适或患病期间，不准进行高处作业。

(2) 作业人员应正确使用个人防护用品；必须戴好安全帽，并系紧帽绳；使用的安全带必须扣牢。

(3) 作业人员必须穿绝缘软底鞋，禁止赤脚、穿拖鞋作业。

(4) 作业前，必须确保作业工具齐全、可靠；所用材料放置稳妥；上杆时，随身携带工具的总重量不准超过 5 kg；操作中暂不使用的工具必须随手装入工具袋内。

(5) 高处作业人员与地面人员之间不准扔抛工具和材料。

(6) 遇有恶劣气候(如风力在六级以上)影响施工安全时，应停止高处作业；遇雷雨天气，禁止上杆(塔)作业，不准在杆(塔)下站立；霜冻和雨雪天气后上杆(塔)必须采取防滑措施。

(7) 作业时，必须对线缆及附件先进行验电；若带电，应立即停止作业，并沿线查找与电力线接触点，处理后再作业。

(8) 夜间在高处作业必须设置照明。

2) 梯、凳上作业

(1) 必须使用绝缘梯、凳。

(2) 使用单面梯子应遵守：

① 使用前必须检查，确保安全可靠；如梯子有松动、破裂、磨损或腐朽现象禁止使用。

② 梯子的根部应采取防滑措施，严禁垫高使用。

③ 架设梯子应选择平整、坚固的地面，梯子靠在墙上、吊线上使用，立梯角度以 75°±5° 为宜。

④ 梯子靠在吊线时，其顶端至少应高出吊线 0.5 m (梯子顶部装有钩的除外)，梯子与吊线搭靠处必须用绳索捆扎固定，防止梯子滑动、摔倒。

⑤ 上下梯子应面向梯子，不准携带笨重的工具、材料，需用时应用绳索上下吊放。

⑥ 梯子上不准站有两人同时作业。

⑦ 梯子较高或竖立地点容易滑动或有可能被碰撞时，必须有专人扶梯。

⑧ 不准一脚踩在梯上，另一脚踩在其他物体上。

⑨ 严禁作业人员站在梯子上移动梯子。

⑩ 在架空电力线下或有其他障碍物的地方，严禁将梯子竖立移动。

⑪ 梯子不用时应随时倒放，妥善保管，避免日晒雨淋。

(3) 折叠梯、伸缩梯使用前要认真检查接口及梯上配件，确认牢固后再使用。

(4) 使用人字梯时，必须紧好螺丝或扣好搭扣；支设人字梯时，两梯夹角应保持 40°±5°，站在上面作业时，下面应有专人扶梯。

(5) 凡作业点超过工作人员水平视线时，应使用高凳，使用前应检查是否牢固和平稳；不得两人在同一高凳上作业。

(6) 严禁用自行车挂骑方式搬运梯子。

3) 杆线上作业

(1) 上杆前必须认真检查杆根有无断裂痕迹，并应仔细观察周围有无电力线或其他障碍物等。如发现水泥杆存在混凝土脱落、露筋、倾斜或不牢固现象，未加固前禁止攀登。

(2) 作业人员上杆必须先扣好安全带，并将安全带的围绳环绕电杆扣牢再上；安全带应固定在距杆梢 0.5 m 下面的安全可靠处，扣好保险锁扣方可作业。

(3) 杆上有人作业时，距杆根半径 3 m 内不得有人。

(4) 在同一根杆上不准两人同时上下。

(5) 在有破损的电杆上进行作业时，必须先做好临时拉线或支撑装置后才能作业。

(6) 脚扣使用前必须仔细检查脚扣、脚扣带，确保完好。

(7) 脚扣使用时先将脚扣卡在电杆距离地面约 0.3 m 处，一脚悬起，一脚用力蹬踏，确保稳固后方可使用。

(8) 脚扣环的大小要根据电杆的粗细适时调整。

(9) 脚扣上的胶管、胶垫或齿牙必须保持完好，对已磨损、破裂或露出胶里线的必须更换。

(10) 脚扣的踏脚板必须经常检测，其检测方法是：采取在踏脚板中心悬吊 200 kg 重物，检查是否有受损变形迹象。

(11) 严禁将脚扣挂在杆上或吊线上。

(12) 使用安全带(绳)前必须严格检查，确保安全可靠。如有折断痕迹、弹簧扣不灵活、扣不牢、皮带眼孔裂缝、保险锁扣失效、安全带(绳)磨损和断头超过 1/10 的，禁止使用。

(13) 安全带(绳)使用时，带扣必须扣紧，不准扭曲，带头穿过小圈；安全带的绳索严禁有接头。

(14) 禁止用安全带吊装物件。

(15) 严禁用一般绳索或皮带替代安全带。

(16) 安全带(绳)不准与酸性物、锋刃工具一起堆放和保管,不准放在火炉边、暖气片或潮湿处。

(17) 安全带(绳)使用或存放一段时间,应进行可靠性试验。检测办法:将 200 kg 重物穿过安全带(绳套)中,悬空挂起,无裂痕、折断才能使用。

4) 建筑物临边作业

(1) 在建筑物临边作业前,必须观察建筑物的牢固程度,若有松动,禁止攀登。

(2) 在建筑物临边作业时,必须扎绑安全带,安全带必须扣牢。

(3) 在屋顶上行走时,瓦房走尖、平房走边、石棉瓦走钉、机制水泥瓦走脊、楼顶内走棱。

(4) 在屋顶内天花板上作业必须使用行灯,并注意天花板是否牢固可靠。

(5) 在杆上交接箱、分线设备或临时搭建的平台上作业前,必须仔细检查平台是否牢固、安全可靠。

(6) 严禁坐在高处无遮拦的地方休息,防止坠落。

4. 墙壁线缆作业安全

(1) 严禁非作业人员进入墙壁线缆作业区域;在人员密集区应设安全警示标志,必要时应安排人员值守。

(2) 在梯上作业时,禁止将梯子架放在住户门口。

(3) 墙壁线缆在跨越街巷、院内通道等处,其线缆的最低点距地面高度应不小于 4.5 m。

(4) 在墙上及室内钻孔布线时,如遇与电力线平行或穿越,必须先停电、后作业;墙壁线缆与电力线的平行间距不小于 15 cm,交越间距不小于 5 cm。

(5) 在墙壁上打孔应注意用力均匀。

(6) 收紧墙壁吊线时,必须有专人扶梯且轻收慢紧,严禁突然用力;收紧后应及时固定。

5. 地下线缆作业安全

1) 地下室作业

(1) 进入地下室作业前,必须先进行通风、检测,确认无易燃、有毒有害气体后再进入。

(2) 线缆地下室内的管孔必须封堵严实,施工打开的管孔暂停施工时必须及时恢复。

(3) 在地下室作业时,必须有两人以上,并保持通风。

(4) 地下室有积水时,应先抽干后再作业。

(5) 严禁将易燃易爆物品带入地下室;严禁在地下室吸烟。

(6) 作业时,若遇有易燃易爆或有毒有害气体时,禁止开关电器、动用明火,必须立即采取措施、排除隐患。

(7) 夏季在地下室作业,应保持通风,以防中暑。

(8) 地下室照明,应采用防爆灯具。

2) 地下线缆作业

(1) 管道线缆敷设作业前,必须检查使用的各种机具,确保齐备完好;作业时,工具不准随意替代。

(2) 在管道内使用引线或钢丝绳牵引线缆时，应戴手套。

(3) 放缆时，使用的滑车(滑轮)、钩链应严格检查，防止断脱；孔内作业人员不得靠近管口。

(4) 人工、机具牵引线缆时，速度应均匀。

3) 吹缆作业

(1) 作业时指定专人负责，作业人员必须服从指挥，协调一致。

(2) 作业人员必须穿戴防护用品，戴安全帽；在人口密集区和车辆通行处应设置警示标志，必要时应安排人员看守；禁止非作业人员进入吹缆作业区域。

(3) 吹缆设备必须处于良好的工作状态，防护罩和气流挡板必须牢固可靠，设备内部的所有软管或管道无磨损、状态完好；电器元件完好无缺。

(4) 吹缆作业前必须固定光缆盘，接好硅芯塑料管；吹缆时，非作业人员必须远离吹缆设备，防止硅芯塑料管爆裂、缆头回弹伤人。

(5) 吹缆收线时，人孔内严禁站人，防止硅芯塑料管内的高压气流和沙石溅伤。

(6) 吹缆机操作人员必须佩戴护目镜、耳套等劳动防护用品。

(7) 严禁将吹缆设备放在高低不平的地面上。

(8) 严禁作业人员在密闭的空间操作设备，必须远离设备排除的热废气。

(9) 应保持液压动力机与建筑物和其他障碍物的间距在 1 m 以上；严禁设备的排气口直对易燃物品。

(10) 确保所有软管无破损，并连接牢固。

(11) 空压机排气阀上连有外部管线或软管时，不准移动设备；连接或拆卸软管前必须关闭压缩机排气阀，确保软管中的压力完全排除。

二、用户信息安全管理办法

通信服务的过程中产生的各种通信记录和消费记录等非通信内容具体包括：

(1) 身份信息：个人身份信息包括个人姓名、个人有效证件类别和编号、居住地址和有效通信联系方式等；单位身份信息包括单位名称、单位有效证件类别和编号、法定代表人或负责人信息、办公或注册地址和有效通信联系方式等。

(2) 合作信息：包括各类用户的入网协议、业务申请/变更/终止协议、与用户签订的各类商业合作合同等。

(3) 通信信息：包括用户使用通信服务产生的通信记录、设置的业务账号和登录密码、在各类系统中留存的与通信行为相关的数据信息及用户的位置信息等。

(4) 消费信息：包括用户使用通信服务的消费记录、缴费信息、欠费信息、账户余额变动信息等。

上级单位负责落实用户信息安全管理情况，进行指导、监督、检查、考核和培训；各单位负责对本单位及下属分支机构的用户信息安全管理情况进行指导、监督、检查、考核和培训。

用户信息属于企业商业秘密至国家秘密，应按照相应的密级实施管理。

◇◇◇◇　**实 践 项 目**　◇◇◇◇

试题 1　ADSL 业务放装——分线设备制作、线缆放装及终端连接

1. 任务描述

(1) 用户 A 在电信部门申请了 ADSL 宽带业务，装维经理 B 按照要求制作一个 10 回线的电缆分线盒成端。

(2) 装维经理 B 按照指定的路由采用线槽方式完成一段约 5 m 的电话双绞线的布放，安装电话接线盒，并制作 RJ45 直通线(约 0.5 m)，需用能手进行测试，最后完成各终端的连接(包括 Modem、电话机、电脑)。

(3) 装维经理 B 在指定位置完成各终端的连接(包括 Modem、电话机、电脑)，检测用户电脑性能(相关硬件与软件系统是否正常)，完成基本账号和密码设置，向用户演示拨号及上网功能。

2. 任务要求

(1) 清点工具包，带齐相应工具；

(2) 量好尾巴电缆并裁剪；

(3) 电缆开剥和编扎；

(4) 一一对应的完成端接；

(5) 进线口的密封处理；

(6) 找到分线设备及对应的端子号；

(7) 用查线机对对应的端子进行拨号试听；

(8) 确定好布线路由及终端安装位置；

(9) 选择合理路由完成线缆钉固及接线盒的连接；

(10) 完成终端设备的连接，通电开机(注意开机先后)；

(11) 找到宽带连接，输入用户名和密码；

(12) 点击连接；

(13) 给用户强调账号与密码的保存；

(14) 给用户演示电话拨号(必须拨通)及上网演示且测速。

3. 实施条件

项目	基本实施条件	备　注
场地	通信网络构架健全，室外线路及设备敷设与安装齐全有效，室内场景尽量与实际结合，分线设备距用户距离不超过 150 m。三网融合末端装维实训室一间，工位 10 个	必备
设备	局端 DSLM 设备等，室外一体化机柜或交接箱，分线盒 10 个，电话机 10 个，电脑 10 台，Modem 10 个，电话接线盒 10 个	必备
仪表	查线机、寻线仪、ADSL 测试仪等	必备

续表

项目	基本实施条件	备　注
工具	跳线枪、斜口钳、尖嘴钳、起子、楼梯、脚扣、综合布线工具包、人字梯等各 11 套	必备 (已考虑备用)
材料	跳线、分离器、末端线缆(电话皮线、超五类线)、卡钉扣 10 盒、橡胶封堵泥 1 袋、RJ11 水晶头 1 袋	必备 (已考虑备用)

4. 考核时间

考试时间：120 分钟。

5. 评价标准

评价内容		配分	考　核　点	扣　分	备　注
职业素养与操作规范 (20 分)		5	做好安装前的工作准备：画出布线路由简图，进行仪器仪表、工具、器件的清点，并摆放整齐，必须穿戴劳动防护用品和工作服	路由简图绘制不正确，仪器仪表、工具、器材不齐，未穿戴劳动防护用品和工作服扣 1 分/项	出现明显失误造成器材或仪表、设备损坏等安全事故；严重违反考场纪律，造成恶劣影响的，本大项记 0 分
		10	采用合理的方法，正确选择并使用工具、器材	工具选择和使用不正确扣 3 分/件	
		5	1. 具有良好的职业操守、做到安全文明生产，有环保意识 2. 保持操作场地的文明整洁 3. 任务完成后，整齐摆放工具及凳子、整理工作台面等并符合要求	工位整理不到位扣 2 分	
作品 (80 分)	线缆的布放及设备安装	25	1. 能准确合理地确定末端引入线的路由 2. 选用正确的工具，用正确的方法进行引入线缆的布放 3. 线缆布放必须符合布线规范要求，设备安装必须符合规范要求	路由选择不正确扣 5 分；工具选用不正确扣 5 分/件；缆线布放不规范扣 5 分/处，扣完为止	
	线缆的端接	25	1. 选用正确的工具 2. 用正确的方法进行引入线缆的端接 3. 用测试仪表进行测试判断	工具选用不正确扣 3 分/件；端接不良每端扣 5 分；测试不对扣 5 分；判断不对扣 5 分；扣完为止	
	业务开通	20	1. 能在终端设备上正确地进行数据配置、软件安装等 2. 能开通业务并验证	数据配置、软件安装不正确扣 5 分/项；业务未开通扣 5 分/项；扣完为止	
	结果报告	10	根据步骤和操作结果，写出任务操作报告	报告不完整扣 5～10 分	

试题 2　ADSL 业务放装——室内并机及用户终端连接配置

1. 任务描述

(1) 用户 A 在电信部门申请了 ADSL 宽带业务,装维经理 B 上门安装,用户家是两室一厅的布局,用户 A 要求电脑放书房,书房、客厅各放置一部电话,装维经理 B 要按照用户要求正确完成室内并机。

(2) 装维经理 B 在指定位置完成各终端的连接(包括 MODEM、电话机、电脑),检测用户电脑性能(相关硬件与软件系统是否正常),完成基本账号和密码设置, 向用户演示拨号及上网功能。

2. 任务要求

(1) 正确选用分离器;

(2) 正确进行终端连接;

(3) 清点好工具包,备齐相应的工具;

(4) 完成终端设备的连接,通电开机(注意开机先后);

(5) 找到宽带连接,输入用户名和密码;

(6) 点击连接;

(7) 给用户强调账号与密码的保存;

(8) 给用户演示电话拨号(必须拨通)及上网演示且测速。

3. 实施条件

项目	基本实施条件	备注
场地	通信网络构架健全,室外线路及设备敷设与安装齐全有效,室内场景尽量与实际结合,分线设备距用户距离不超过 150 m。三网融合末端装维实训室一间,工位 10 个	必备
设备	局端 DSLM 设备等,室外一体化机柜或交接箱,分线盒 10 个,电话机 10 个,电脑 10 台,语音/数据分离器 10 个,Modem 10 个,电话接线盒 10 个	必备
仪表	查线机、寻线仪、ADSL 测试仪等	必备
工具	跳线枪、斜口钳、尖嘴钳、起子、楼梯、脚扣、综合布线工具包、人字梯等各 11 套	必备(已考虑备用)
材料	跳线、分离器、末端线缆(电话皮线、超五类线)、卡钉扣 10 盒、橡胶封堵泥 1 袋、RJ11 水晶头 1 袋	必备(已考虑备用)

4. 考核时间

考试时间:120 分钟。

5. 评价标准

评价内容	配分	考 核 点	扣 分	备 注
职业素养与操作规范(20分)	5	做好安装前的工作准备:画出布线路由简图,进行仪器仪表、工具、器件的清点,并摆放整齐,必须穿戴劳动防护用品和工作服	路由简图绘制不正确,仪器仪表、工具、器材不齐,未穿戴劳动防护用品和工作服扣1分/项	出现明显失误造成器材或仪表、设备损坏等安全事故;严重违反考场纪律,造成恶劣影响的,本大项记0分
	10	采用合理的方法,正确选择并使用工具、器材	工具选择和使用不正确扣3分/件	
	5	1. 具有良好的职业操守、做到安全文明生产,有环保意识 2. 保持操作场地的文明整洁 3. 任务完成后,整齐摆放工具及凳子、整理工作台面等并符合要求	工位整理不到位扣2分	
作品(80分)	线缆的布放及设备安装 25	1. 能准确合理地确定末端引入线的路由 2. 选用正确的工具,用正确的方法进行引入线缆的布放 3. 线缆布放必须符合布线规范要求,设备安装必须符合规范要求	路由选择不正确扣5分;工具选用不正确扣5分/件;缆线布放不规范扣5分/处;扣完为止	
	线缆的端接 25	1. 选用正确的工具 2. 用正确的方法进行引入线缆的端接 3. 用测试仪表进行测试判断	工具选用不正确扣3分/件;端接不良每端扣5分;测试不对扣5分;判断不对扣5分;扣完为止	
	业务开通 20	1. 能在终端设备上正确地进行数据配置、软件安装等 2. 能开通业务并验证	数据配置、软件安装不正确扣5分/项;业务未开通扣5分/项;扣完为止	
	结果报告 10	根据步骤和操作结果,写出任务操作报告	报告不完整扣5~10分	

试题 3 FTTH 放装——自承式蝶形光缆的架空敷设、光纤端接与测试、IPTV 开通验证

1. 任务描述

(1) 室外采用架空方式敷设一段约 20 m 的自承式蝶形光缆,要求在杆上光分路箱内进行皮缆收容、终结处理和中间处理。

(2) 正确使用工具和仪表，在所架设的自承式蝶形引入光缆两端各制作一个快速活动端接头(预埋式活动端接头)，并测试插入损耗。

(3) 对指定用户进行终端设备的连接(包括电话、电脑、电视、ONU、机顶盒等)。

2. 任务要求

(1) 清点好工具包，备齐相应的工具；

(2) 按照相关施工验收规范规定进行自承式蝶形光缆的终端连接、固定；

(3) 按照相关施工验收规范规定进行自承式蝶形光缆在终端盒内的收容；

(4) 按照相关施工验收规范规定进行自承式蝶形光缆在终端杆上面进行安装固定；

(5) 按照相关施工验收规范规定进行自承式蝶形光缆在中间杆上进行安装固定；

(6) 以上内容由两人配合完成，分别记取成绩。

(7) 蝶形光缆开剥；

(8) 制作合格的光纤端面；

(9) 光纤快速活动端头的连接组装；

(10) 通红光测试检查通断；

(11) 选用正确的仪表测试插入损耗；

(12) 测试并记录收光光功率值；

(13) 选用正确的线缆进行终端连接；

(14) 按正确的顺序进行开机。

3. 实施条件

项 目	基本实施条件	备 注
场地	通信网络构架健全，室外线路及设备敷设与安装齐全有效，室内场景尽量与实际结合，分线设备距用户距离不超过 150 m。三网融合末端装维实训室一间，工位 10 个	必备
设备	局端 DSLM 设备等，室外一体化机柜或交接箱，光分路器箱 10 个，电话机 10 个，电脑 10 台，电视 10 台，语音/数据分离器 10 个，Modem 10 个，电话接线盒 10 个	必备
仪表	查线机、寻线仪、ADSL 测试仪等，红光光源、激光光源、光功率计等	必备
工具	跳线枪、斜口钳、尖嘴钳、起子、楼梯、脚扣、综合布线工具包、人字梯等各 11 套	必备 (已考虑备用)
材料	自承式蝶形引入光缆、蝶形引入光缆、SC 光纤活动端接头、跳线、分离器、末端线缆(电话皮线、超五类线)、卡钉扣 10 盒、橡胶封堵泥 1 袋、RJ11 水晶头 1 袋、RJ45 水晶头 1 袋	必备 (已考虑备用)
测评专家	考评员 5 名，要求具有通信行业特有工种考评员资格	必备

4. 考核时间

考试时间：120 分钟。

5. 评价标准

评价内容	配分	考核点	扣　分	备　注
职业素养与操作规范 (20分)	5	做好安装前的工作准备：画出布线路由简图，进行仪器仪表、工具、器件的清点，并摆放整齐，必须穿戴劳动防护用品和工作服	路由简图绘制不正确，仪器仪表、工具、器材不齐，未穿戴劳动防护用品和工作服扣1分/项	出现明显失误造成器材或仪表、设备损坏等安全事故； 严重违反考场纪律，造成恶劣影响的，本大项记0分
	10	采用合理的方法，正确选择并使用工具、器材	工具选择和使用不正确扣3分/件	
	5	1. 具有良好的职业操守、做到安全文明生产，有环保意识 2. 保持操作场地的文明整洁 3. 任务完成后，整齐摆放工具及凳子、整理工作台面等并符合要求	工位整理不到位扣2分	
作品 (80分)	线缆的布放及设备安装 25	1. 能准确合理地确定末端引入线的路由 2. 选用正确的工具，用正确的方法进行引入线缆的布放 3. 线缆布放必须符合布线规范要求，设备安装必须符合规范要求	路由选择不正确扣5分；工具选用不正确扣5分/件；缆线布放不规范扣5分/处；扣完为止	
	线缆的端接 25	1. 选用正确的工具 2. 用正确的方法进行引入线缆的端接 3. 用测试仪表进行测试判断	工具选用不正确扣3分/件；端接不良每端扣5分；测试不对扣5分；判断不对扣5分；扣完为止	
	业务开通 20	1. 能在终端设备上正确地进行数据配置、软件安装等 2. 能开通业务并验证	数据配置、软件安装不正确扣5分/项；业务未开通扣5分/项；扣完为止	
	结果报告 10	根据步骤和操作结果，写出任务操作报告	报告不完整扣5～10分	

试题4　FTTH放装——自承式蝶形光缆的墙壁敷设、光纤端接与测试、IPTV开通验证

1. 任务描述

(1) 室外采用墙壁方式敷设一段约5 m的自承式蝶形光缆，要求在光分路箱内进行皮

缆收容、终结处理和拐弯处理。

(2) 正确使用工具和仪表，在所架设的自承式蝶形引入光缆两端各制作一个快速活动端接头(预埋式活动端接头)，并测试插入损耗。

(3) 对指定用户进行终端设备的连接(包括电话、电脑、电视、ONU、机顶盒等)。

2. 任务要求

(1) 清点好工具包，备齐相应的工具；

(2) 按照相关施工验收规范规定进行自承式蝶形光缆在墙壁上的终结固定；

(3) 按照相关施工验收规范规定进行自承式蝶形光缆在终端盒内端接和收容；

(4) 按照相关施工验收规范规定进行自承式蝶形光缆在墙壁上用螺钉扣的固定；

(5) 按照相关施工验收规范规定进行自承式蝶形光缆在墙壁上的钉固，注意钉固间隔及拐弯半径；

(6) 以上内容由两人配合完成，分别记取成绩。

(7) 蝶形光缆开剥；

(8) 制作合格的光纤端面；

(9) 光纤快速活动端头的连接组装；

(10) 通红光测试检查通断；

(11) 选用正确的仪表测试插入损耗；

(12) 测试并记录收光光功率值；

(13) 选用正确的线缆进行终端连接；

(14) 按正确的顺序进行开机。

3. 实施条件

项 目	基本实施条件	备 注
场地	通信网络构架健全，室外线路及设备敷设与安装齐全有效，室内场景尽量与实际结合，分线设备距用户距离不超过 150 m。三网融合末端装维实训室一间，工位 10 个	必备
设备	局端 DSLM 设备等，室外一体化机柜或交接箱，光分路器箱 10 个，电话机 10 个，电脑 10 台，电视 10 台，语音/数据分离器 10 个，Modem 10 个，电话接线盒 10 个	必备
仪表	查线机、寻线仪、ADSL 测试仪等，红光光源、激光光源、光功率计等	必备
工具	跳线枪、斜口钳、尖嘴钳、起子、楼梯、脚扣、综合布线工具包、人字梯等各 11 套	必备 (已考虑备用)
材料	自承式蝶形引入光缆、蝶形引入光缆、SC 光纤活动端接头、跳线、分离器、末端线缆(电话皮线、超五类线)、卡钉扣 10 盒、橡胶封堵泥 1 袋、RJ11 水晶头 1 袋、RJ45 水晶头 1 袋	必备 (已考虑备用)

4. 考核时间

考试时间：120 分钟。

5. 评价标准

评价内容	配分	考核点	扣　分	备　注
职业素养与操作规范（20分）	5	做好安装前的工作准备：画出布线路由简图、进行仪器仪表、工具、器件的清点，并摆放整齐，必须穿戴劳动防护用品和工作服	路由简图绘制不正确，仪器仪表、工具、器材不齐，未穿戴劳动防护用品和工作服扣1分/项	出现明显失误造成器材或仪表、设备损坏等安全事故；严重违反考场纪律，造成恶劣影响的，本大项记0分
	10	采用合理的方法，正确选择并使用工具、器材	工具选择和使用不正确扣3分/件	
	5	1. 具有良好的职业操守、做到安全文明生产，有环保意识 2. 保持操作场地的文明整洁 3. 任务完成后，整齐摆放工具及凳子、整理工作台面等并符合要求	工位整理不到位扣2分	
作品（80分）	线缆的布放及设备安装 25	1. 能准确合理地确定末端引入线的路由 2. 选用正确的工具，用正确的方法进行引入线缆的布放 3. 线缆布放必须符合布线规范要求，设备安装必须符合规范要求	路由选择不正确扣5分；工具选用不正确扣5分/件；缆线布放不规范扣5分/处；扣完为止	
	线缆的端接 25	1. 选用正确的工具 2. 用正确的方法进行引入线缆的端接 3. 用测试仪表进行测试判断	工具选用不正确扣3分/件；端接不良每端扣5分；测试不对扣5分；判断不对扣5分；扣完为止	
	业务开通 20	1. 能在终端设备上正确地进行数据配置、软件安装等 2. 能开通业务并验证	数据配置、软件安装不正确扣5分/项；业务未开通扣5分/项；扣完为止	
	结果报告 10	根据步骤和操作结果，写出任务操作报告	报告不完整扣5～10分	

试题5　FTTH放装——蝶形光缆钉固与成端制作、IPTV开通验证

1. 任务描述

(1) 从室外光分线箱采用钉固方式布放一条约 5 m 长的蝶形引入光缆到室内综合信

息箱。

(2) 正确使用工具和仪表,在所钉固的蝶形引入光缆两端各制作一个快速活动端接头(直通式),并测试插入损耗。

(3) 对指定用户进行终端设备的连接(包括电话、电脑、电视、ONU、机顶盒等)。

2. 任务要求

(1) 清点好工具包,备齐相应的工具;

(2) 按规范布放蝶形引入光缆;

(3) 按规范进行光缆收容;

(4) 以上内容由两人配合完成,分别记取成绩。

(5) 蝶形光缆开剥;

(6) 制作合格的光纤端面;

(7) 光纤快速活动端头的连接组装;

(8) 通红光测试检查通断;

(9) 选用正确的仪表测试插入损耗;

(10) 测试并记录收光光功率值;

(11) 选用正确的线缆进行终端连接;

(12) 按正确的顺序进行开机。

3. 实施条件

项目	基本实施条件	备　注
场地	通信网络构架健全,室外线路及设备敷设与安装齐全有效,室内场景尽量与实际结合,分线设备距用户距离不超过 150 m。三网融合末端装维实训室一间,工位 10 个	必备
设备	局端 DSLM 设备等,室外一体化机柜或交接箱,光分路器箱 10 个,电话机 10 个,电脑 10 台,电视 10 台,语音/数据分离器 10 个,Modem 10 个,电话接线盒 10 个	必备
仪表	查线机、寻线仪、ADSL 测试仪等,红光光源、激光光源、光功率计等	必备
工具	跳线枪、斜口钳、尖嘴钳、起子、楼梯、脚扣、综合布线工具包、人字梯等各 11 套	必备 (已考虑备用)
材料	自承式蝶形引入光缆、蝶形引入光缆、SC 光纤活动端接头、跳线、分离器、末端线缆(电话皮线、超五类线)、卡钉扣 10 盒、橡胶封堵泥 1 袋、RJ11 水晶头 1 袋、RJ45 水晶头 1 袋	必备 (已考虑备用)

4. 考核时间

考试时间:120 分钟。

5. 评价标准

评价内容		配分	考 核 点	扣 分	备 注
职业素养与操作规范 (20分)		5	做好安装前的工作准备:画出布线路由简图,进行仪器仪表、工具、器件的清点,并摆放整齐,必须穿戴劳动防护用品和工作服	路由简图绘制不正确,仪器仪表、工具、器材不齐,未穿戴劳动防护用品和工作服扣1分/项	出现明显失误造成器材或仪表、设备损坏等安全事故; 严重违反考场纪律,造成恶劣影响的,本大项记0分
		10	采用合理的方法,正确选择并使用工具、器材	工具选择和使用不正确扣3分/件	
		5	1. 具有良好的职业操守、做到安全文明生产,有环保意识 2. 保持操作场地的文明整洁 3. 任务完成后,整齐摆放工具及凳子、整理工作台面等并符合要求	工位整理不到位扣2分	
作品 (80分)	线缆的布放及设备安装	25	1. 能准确合理地确定末端引入线的路由 2. 选用正确的工具,用正确的方法进行引入线缆的布放 3. 线缆布放必须符合布线规范要求,设备安装必须符合规范要求	路由选择不正确扣5分;工具选用不正确扣5分/件;缆线布放不规范扣5分/处;扣完为止	
	线缆的端接	25	1. 选用正确的工具 2. 用正确的方法进行引入线缆的端接 3. 用测试仪表进行测试判断	工具选用不正确扣3分/件;端接不良每端扣5分;测试不对扣5分;判断不对扣5分;扣完为止	
	业务开通	20	1. 能在终端设备上正确地进行数据配置、软件安装等 2. 能开通业务并验证	数据配置、软件安装不正确扣5分/项;业务未开通扣5分/项;扣完为止	
	结果报告	10	根据步骤和操作结果,写出任务操作报告	报告不完整扣5~10分	

试题6　FTTH放装——室内暗管五类线缆布放、IPTV开通验证

1. 任务描述

(1) 室内采用暗管方式布放一条5E线缆,在综合信息箱内指定端口与用户信息插座(暗

盒)进行连接(在综合信息箱内用 RJ45 水晶头端接，在用户信息插座内用信息模块进行端接)，并用能手测试通断。

(2) 对指定用户进行终端设备的连接(包括电话、电脑、电视、ONU、机顶盒等)。

2. 任务要求

(1) 清点好工具包，备齐相应的工具；

(2) 整理穿管器及待放缆线；

(3) 穿管器穿放；

(4) 制作合格的牵引端头；

(5) 缆线牵引穿放；

(6) RJ45 水晶头及信息模块端接的制作；

(7) 用能手测试仪测通；

(8) 以上内容由两人配合完成，分别记取成绩。

(9) 测试并记录收光光功率值；

(10) 选用正确的线缆进行终端连接；

(11) 按正确的顺序进行开机。

3. 实施条件

项目	基本实施条件	备 注
场地	通信网络构架健全，室外线路及设备敷设与安装齐全有效，室内场景尽量与实际结合，分线设备距用户距离不超过 150 m。综合布线实训室一间，工位 10 个	必备
设备	局端 DSLM 设备等，室外一体化机柜或交接箱，上联光路的分光器箱 10 个，电脑 10 台，Modem 10 个，ONU 10 个，IPTV 机顶盒 10 个	必备
仪表	查线机、寻线仪、ADSL 测试仪等，红光仪、激光光源、PON 专用光功率计等	必备
工具	跳线枪、斜口钳、尖嘴钳、起子、楼梯、脚扣、综合布线工具包、光纤切割刀、米勒钳、酒精泵、人字梯等各 11 套	必备(已考虑备用)
材料	跳线、分离器、末端线缆(电话皮线、超五类线)、自承式皮线光缆 100 m、蝶形引入光缆 100 m，塑料线槽板 50 m、卡钉扣 10 盒、光纤终端盒(86 盒)12 个、光纤跳线 12 根(0.5m)、橡胶封堵泥 1 袋、SC 快速连接头各 30 个(包括直通式和预埋式)、无纺布 10 袋、RJ11 水晶头 1 袋，RJ45 水晶头 1 袋	必备(已考虑备用)

4. 考核时间

考试时间：120 分钟。

5. 评价标准

评价内容	配分	考核点	扣 分	备 注
职业素养与操作规范 (20 分)	5	做好安装前的工作准备：画出布线路由简图，进行仪器仪表、工具、器件的清点，并摆放整齐，必须穿戴劳动防护用品和工作服	路由简图绘制不正确，仪器仪表、工具、器材不齐，未穿戴劳动防护用品和工作服扣 1 分/项	出现明显失误造成器材或仪表、设备损坏等安全事故； 严重违反考场纪律，造成恶劣影响的，本大项记 0 分
	10	采用合理的方法，正确选择并使用工具、器材	工具选择和使用不正确扣 3 分/件	
	5	1. 具有良好的职业操守、做到安全文明生产，有环保意识 2. 保持操作场地的文明整洁 3. 任务完成后，整齐摆放工具及凳子、整理工作台面等并符合要求	工位整理不到位扣 2 分	
作品 (80 分)	线缆的布放及设备安装	25	1. 能准确合理地确定末端引入线的路由 2. 选用正确的工具，用正确的方法进行引入线缆的布放 3. 线缆布放必须符合布线规范要求，设备安装必须符合规范要求	路由选择不正确扣 5 分；工具选用不正确扣 5 分/件；缆线布放不规范扣 5 分/处；扣完为止
	线缆的端接	25	1. 选用正确的工具 2. 用正确的方法进行引入线缆的端接 3. 用测试仪表进行测试判断	工具选用不正确扣 3 分/件；端接不良每端扣 5 分；测试不对扣 5 分；判断不对扣 5 分；扣完为止
	业务开通	20	1. 能在终端设备上正确地进行数据配置、软件安装等 2. 能开通业务并验证	数据配置、软件安装不正确扣 5 分/项；业务未开通扣 5 分/项；扣完为止
	结果报告	10	根据步骤和操作结果，写出任务操作报告	报告不完整扣 5～10 分

试题 7 FTTH 放装——波纹管布放蝶形引入光缆与成端制作、IPTV 开通验证

1. 任务描述

(1) 从楼道光分纤箱内到用户综合信息箱，采用波纹管方式布放一条约 5 m 长蝶形引入光缆，要求分路箱内光缆成端及收容，波纹管拐弯处理及过路盒安装。

(2) 正确使用工具和仪表，在所布放的蝶形引入光缆两端各制作一个快速活动端接头

(直通式)，并测试插入损耗。

　　(3) 对指定用户进行终端设备的连接(包括电话、电脑、电视、ONU、机顶盒等)。

2. 任务要求

　　(1) 清点好工具包，备齐相应的工具；

　　(2) 测量、裁断、固定波纹管；

　　(3) 完成过路盒的安装；

　　(4) 完成蝶形引入光缆的穿放、成端；

　　(5) 完成分路箱、过路盒内蝶形引入光缆的收容处理；

　　(6) 以上内容由两人配合完成，分别记取成绩。

　　(7) 蝶形光缆开剥；

　　(8) 制作合格的光纤端面；

　　(9) 完成光纤快速活动端头的连接组装；

　　(10) 通红光测试检查通断；

　　(11) 选用正确的仪表测试插入损耗；

　　(12) 测试并记录收光光功率值；

　　(13) 选用正确的线缆进行终端连接；

　　(14) 按正确的顺序进行开机。

3. 实施条件

项目	基本实施条件	备　注
场地	通信网络构架健全，室外线路及设备敷设与安装齐全有效，室内场景尽量与实际结合，分线设备距用户距离不超过 150 m。综合布线实训室一间，工位 10 个	必备
设备	局端 DSLM 设备等，室外一体化机柜或交接箱，上联光路的分光器箱 10 个，电脑 10 台，Modem 10 个，ONU 10 个，IPTV 机顶盒 10 个	必备
仪表	查线机、寻线仪、ADSL 测试仪等，红光仪、激光光源、PON 专用光功率计等	必备
工具	跳线枪、斜口钳、尖嘴钳、起子、楼梯、脚扣、综合布线工具包、光纤切割刀、米勒钳、酒精泵、人字梯等各 11 套	必备 (已考虑备用)
材料	跳线、分离器、末端线缆(电话皮线、超五类线)、自承式皮线光缆 100 m、蝶形引入光缆 100 m，塑料线槽板 50 m、卡钉扣 10 盒、光纤终端盒(86 盒)12 个、光纤跳线 12 根(0.5 m)、橡胶封堵泥 1 袋、SC 快速连接头各 30 个(包括直通式和预埋式)、无纺布 10 袋、RJ11 水晶头 1 袋、RJ45 水晶头 1 袋	必备 (已考虑备用)

4. 考核时间

考试时间：120 分钟。

5. 评价标准

评价内容	配分	考核点	扣分	备注
职业素养与操作规范（20分）	5	做好安装前的工作准备：画出布线路由简图，进行仪器仪表、工具、器件的清点，并摆放整齐，必须穿戴劳动防护用品和工作服	路由简图绘制不正确，仪器仪表、工具、器材不齐，未穿戴劳动防护用品和工作服扣1分/项	出现明显失误造成器材或仪表、设备损坏等安全事故；严重违反考场纪律，造成恶劣影响的，本大项记0分
	10	采用合理的方法，正确选择并使用工具、器材	工具选择和使用不正确扣3分/件	
	5	1. 具有良好的职业操守、做到安全文明生产，有环保意识 2. 保持操作场地的文明整洁 3. 任务完成后，整齐摆放工具及凳子、整理工作台面等并符合要求	工位整理不到位扣2分	
作品（80分）	线缆的布放及设备安装 25	1. 能准确合理地确定末端引入线的路由 2. 选用正确的工具，用正确的方法进行引入线缆的布放 3. 线缆布放必须符合布线规范要求，设备安装必须符合规范要求	路由选择不正确扣5分；工具选用不正确扣5分/件；缆线布放不规范扣5分/处；扣完为止	
	线缆的端接 25	1. 选用正确的工具 2. 用正确的方法进行引入线缆的端接 3. 用测试仪表进行测试判断	工具选用不正确扣3分/件；端接不良每端扣5分；测试不对扣5分；判断不对扣5分；扣完为止	
	业务开通 20	1. 能在终端设备上正确地进行数据配置、软件安装等 2. 能开通业务并验证	数据配置、软件安装不正确扣5分/项；业务未开通扣5分/项；扣完为止	
	结果报告 10	根据步骤和操作结果，写出任务操作报告	报告不完整扣5~10分	

试题8　FTTH放装——PVC管布放蝶形引入光缆与成端、IPTV开通验证

1. 任务描述

(1) 从楼道光分纤箱内到用户综合信息箱，采用PVC管方式布放一条约5 m长蝶形引

入光缆，要求 PVC 管的弯管处理及过路盒安装。

(2) 正确使用工具和仪表，在所布放的蝶形引入光缆两端各制作一个快速活动端接头(直通式)，并测试插入损耗。

(3) 对指定用户进行终端设备的连接(包括电话、电脑、电视、ONU、机顶盒等)。

2. 任务要求

(1) 清点好工具包，备齐相应的工具；

(2) 测量、裁断、拐弯处理、固定 PVC 管；

(3) 过路盒的安装；

(4) 蝶形引入光缆的穿放；

(5) 分路箱、过路盒内蝶形引入光缆的收容处理；

(6) 以上内容由两人配合完成，分别记取成绩。

(7) 清点好工具包，备齐相应的工具；

(8) 蝶形光缆开剥；

(9) 制作合格的光纤端面；

(10) 光纤快速活动端头的连接组装；

(11) 通红光测试检查通断；

(12) 选用正确的仪表测试插入损耗；

(13) 测试并记录收光光功率值；

(14) 选用正确的线缆进行终端连接；

(15) 按正确的顺序进行开机。

3. 实施条件

项目	基本实施条件	备 注
场地	通信网络构架健全，室外线路及设备敷设与安装齐全有效，室内场景尽量与实际结合，分线设备距离用户距离不超过 150 m。综合布线实训室一间，工位 10 个	必备
设备	局端 DSLM 设备等，室外一体化机柜或交接箱，上联光路的分光器箱 10 个，电脑 10 台、Modem 10 个、ONU 10 个、IPTV 机顶盒 10 个	必备
仪表	查线机、寻线仪、ADSL 测试仪等，红光仪、激光光源、PON 专用光功率计等	必备
工具	跳线枪、斜口钳、尖嘴钳、起子、楼梯、脚扣、综合布线工具包、光纤切割刀、米勒钳、酒精泵、人字梯等各 11 套	必备 (已考虑备用)
材料	跳线、分离器、末端线缆(电话皮线、超五类线)、自承式皮线光缆 100 m、蝶形引入光缆 100 m、塑料线槽板 50 m、卡钉扣 10 盒、光纤终端盒(86 盒)12 个、光纤跳线 12 根(0.5 m)、橡胶封堵泥 1 袋、SC 快速连接头各 30 个(包括直通式和预埋式)、无纺布 10 袋、RJ11 水晶头 1 袋，RJ45 水晶头 1 袋	必备 (已考虑备用)

4. 考核时间

考试时间：120分钟。

5. 评价标准

评价内容		配分	考核点	扣分	备注
职业素养与操作规范（20分）		5	做好安装前的工作准备：画出布线路由简图，进行仪器仪表、工具、器件的清点，并摆放整齐，必须穿戴劳动防护用品和工作服	路由简图绘制不正确，仪器仪表、工具、器材不齐，未穿戴劳动防护用品和工作服扣1分/项	出现明显失误造成器材或仪表、设备损坏等安全事故；严重违反考场纪律，造成恶劣影响的，本大项记0分
		10	采用合理的方法，正确选择并使用工具、器材	工具选择和使用不正确扣3分/件	
		5	1. 具有良好的职业操守、做到安全文明生产，有环保意识 2. 保持操作场地的文明整洁 3. 任务完成后，整齐摆放工具及凳子、整理工作台面等并符合要求	工位整理不到位扣2分	
作品（80分）	线缆的布放及设备安装	25	1. 能准确合理地确定末端引入线的路由 2. 选用正确的工具，用正确的方法进行引入线缆的布放 3. 线缆布放必须符合布线规范要求，设备安装必须符合规范要求	路由选择不正确扣5分；工具选用不正确扣5分/件；缆线布放不规范扣5分/处；扣完为止	
	线缆的端接	25	1. 选用正确的工具 2. 用正确的方法进行引入线缆的端接 3. 用测试仪表进行测试判断	工具选用不正确扣3分/件；端接不良每端扣5分；测试不对扣5分；判断不对扣5分；扣完为止	
	业务开通	20	1. 能在终端设备上正确地进行数据配置、软件安装等 2. 能开通业务并验证	数据配置、软件安装不正确扣5分/项；业务未开通扣5分/项；扣完为止	
	结果报告	10	根据步骤和操作结果，写出任务操作报告	报告不完整扣5~10分	

试题 9　FTTH 放装——蝶形引入光缆钉固、光链路测试及 IPTV 开通验证

1. 任务描述

(1) 采用卡钉扣的钉固方式，布放一条约 5 m 长蝶形引入光缆，两端制作快速活动端接头且一段需在光分路箱内收容，并用仪表测试插入损耗。

(2) 使用正确的仪表，测试光缆链路的全程测试，确定收光功率的范围是否在内控指标内。

(3) 对指定用户进行终端设备的连接(包括电话、电脑、电视、ONU、机顶盒等)。

2. 任务要求

(1) 按照相关施工验收规范规定进行蝶形引入光缆在墙壁上钉固；

(2) 钉固间隔要符合规范要求且均匀；

(3) 不能损伤光缆；

(4) 制作快速活动端接头；

(5) 选用正确的仪表进行插入损耗测试。

(6) 选择正确的功率仪表；

(7) 设置正确的测试光波长；

(8) 读取正确的功率值大小及链路损耗；

(9) 判断链路传输质量；

(10) 测试并记录收光光功率值；

(11) 选用正确的线缆进行终端连接；

(12) 按正确的顺序进行开机。

3. 实施条件

项目	基本实施条件	备注
场地	通信网络构架健全，室外线路及设备敷设与安装齐全有效，室内场景尽量与实际结合，分线设备距用户距离不超过 150 m。综合布线实训室一间，工位 10 个	必备
设备	局端 DSLM 设备等，室外一体化机柜或交接箱，上联光路的分光器箱 10 个，电脑 10 台，Modem 10 个，ONU 10 个，IPTV 机顶盒 10 个	必备
仪表	查线机、寻线仪、ADSL 测试仪等，红光仪、激光光源、PON 专用光功率计等	必备
工具	跳线枪、斜口钳、尖嘴钳、起子、楼梯、脚扣、综合布线工具包、光纤切割刀、米勒钳、酒精泵、人字梯等各 11 套	必备 (已考虑备用)
材料	跳线、分离器、末端线缆(电话皮线、超五类线)、自承式皮线光缆 100 m、蝶形引入光缆 100 m、塑料线槽板 50 m、卡钉扣 10 盒、光纤终端盒(86 盒)12 个、光纤跳线 12 根(0.5 m)、橡胶封堵泥 1 袋、SC 快速连接头各 30 个(包括直通式和预埋式)、无纺布 10 袋、RJ11 水晶头 1 袋、RJ45 水晶头 1 袋	必备 (已考虑备用)

4. 考核时间

考试时间：120分钟。

5. 评价标准

评价内容		配分	考 核 点	扣 分	备 注
职业素养与操作规范(20分)		5	做好安装前的工作准备：画出布线路由简图，进行仪器仪表、工具、器件的清点，并摆放整齐，必须穿戴劳动防护用品和工作服	路由简图绘制不正确，仪器仪表、工具、器材不齐，未穿戴劳动防护用品和工作服扣1分/项	出现明显失误造成器材或仪表、设备损坏等安全事故；严重违反考场纪律，造成恶劣影响的,本大项记0分
		10	采用合理的方法，正确选择并使用工具、器材	工具选择和使用不正确扣3分/件	
		5	1. 具有良好的职业操守、做到安全文明生产，有环保意识 2. 保持操作场地的文明整洁 3. 任务完成后，整齐摆放工具及凳子、整理工作台面等并符合要求	工位整理不到位扣2分	
作品(80分)	线缆的布放及设备安装	25	1. 能准确合理地确定末端引入线的路由 2. 选用正确的工具，用正确的方法进行引入线缆的布放 3. 线缆布放必须符合布线规范要求，设备安装必须符合规范要求	路由选择不正确扣5分；工具选用不正确扣5分/件；缆线布放不规范扣5分/处；扣完为止	
	线缆的端接	25	1. 选用正确的工具 2. 用正确的方法进行引入线缆的端接 3. 用测试仪表进行测试判断	工具选用不正确扣3分/件；端接不良每端扣5分；测试不对扣5分；判断不对扣5分；扣完为止	
	业务开通	20	1. 能在终端设备上正确地进行数据配置、软件安装等 2. 能开通业务并验证	数据配置、软件安装不正确扣5分/项；业务未开通扣5分/项；扣完为止	
	结果报告	10	根据步骤和操作结果，写出任务操作报告	报告不完整扣5～10分	

试题 10　FTTB + ADSL 业务放装——缆线端接、线缆布放及终端连接(钉固)

1. 任务描述

(1) 用户 A 在电信部门申请了 ADSL 宽带业务,装维经理 B 按照要求在配线架上完成跳线端接。

(2) 装维经理 B 按照指定的路由采用钉固方式完成一段约 5 m 的电话双绞线的布放,安装电话接线盒,并制作 RJ45 直通线(约 0.5 m),需用能手进行测试,最后完成各终端的连接(包括 Modem,电话机、电脑)。

(3) 装维经理 B 在指定位置完成各终端的连接(包括 Modem,电话机、电脑),检测用户电脑性能(相关硬件与软件系统是否正常),完成基本账号和密码设置, 向用户演示拨号及上网功能。

2. 任务要求

(1) 清点工具包,带齐相应工具;

(2) 一一对应地完成端接;

(3) 用查线机对对应的端子进行拨号试听;

(4) 确定好布线路由及终端安装位置;

(5) 选择合理的路由完成线缆钉固及接线盒的连接;

(6) 完成终端设备的连接,通电开机(注意开机先后);

(7) 找到宽带连接,输入用户名和密码;

(8) 点击连接;

(9) 给用户强调账号与密码的保存;

(10) 给用户演示电话拨号(必须拨通)及上网演示且测速。

3. 实施条件

项　目	基本实施条件	备　注
场地	通信网络构架健全,室外线路及设备敷设与安装齐全有效,室内场景尽量与实际结合,分线设备距用户距离不超过 150 m。三网融合末端装维实训室一间,工位 10 个	必备
设备	局端 DSLM 设备等,室外一体化机柜或交接箱,分线盒 10 个,电话机 10 个,电脑 10 台,Modem 10 个,电话接线盒 10 个	必备
仪表	查线机、寻线仪、ADSL 测试仪等	必备
工具	跳线枪、斜口钳、尖嘴钳、起子、楼梯、脚扣、综合布线工具包、人字梯等各 11 套	必备 (已考虑备用)
材料	跳线、分离器、末端线缆(电话皮线、超五类线)、卡钉扣 10 盒、橡胶封堵泥 1 袋、RJ11 水晶头 1 袋	必备 (已考虑备用)

4. 考核时间

考试时间：120 分钟。

5. 评价标准

评价内容		配分	考 核 点	扣 分	备 注
职业素养与操作规范（20分）		5	做好安装前的工作准备：画出布线路由简图，进行仪器仪表、工具、器件的清点，并摆放整齐，必须穿戴劳动防护用品和工作服	路由简图绘制不正确，仪器仪表、工具、器材不齐，未穿戴劳动防护用品和工作服扣1分/项	出现明显失误造成器材或仪表、设备损坏等安全事故；严重违反考场纪律，造成恶劣影响的，本大项记0分
		10	采用合理的方法，正确选择并使用工具、器材	工具选择和使用不正确扣3分/件	
		5	1. 具有良好的职业操守、做到安全文明生产，有环保意识 2. 保持操作场地的文明整洁 3. 任务完成后，整齐摆放工具及凳子、整理工作台面等并符合要求	工位整理不到位扣2分	
作品（80分）	线缆的布放及设备安装	25	1. 能准确合理地确定末端引入线的路由 2. 选用正确的工具，用正确的方法进行引入线缆的布放 3. 线缆布放必须符合布线规范要求，设备安装必须符合规范要求	路由选择不正确扣5分；工具选用不正确扣5分/件；缆线布放不规范扣5分/处；扣完为止	
	线缆的端接	25	1. 选用正确的工具 2. 用正确的方法进行引入线缆的端接 3. 用测试仪表进行测试判断	工具选用不正确扣3分/件；端接不良每端扣5分；测试不对扣5分；判断不对扣5分；扣完为止	
	业务开通	20	1. 能在终端设备上正确地进行数据配置、软件安装等 2. 能开通业务并验证	数据配置、软件安装不正确扣5分/项；业务未开通扣5分/项；扣完为止	
	结果报告	10	根据步骤和操作结果，写出任务操作报告	报告不完整扣5~10分	

试题 11　FTTB + LAN 业务放装——缆线端接、线缆布放及终端连接(线槽)

1. 任务描述

(1) 用户 A 在电信部门申请了 ADSL 宽带业务,装维经理 B 按照要求在配线架上完成跳线端接。

(2) 装维经理 B 按照指定的路由采用线槽方式完成一段约 5 m 的超五类线的布放,安装数据信息模块,并制作 RJ45 直通线(约 0.5 m),需用能手进行测试,最后完成各终端的连接(电脑)。

(3) 装维经理 B 在指定位置完成各终端的连接(电脑),检测用户电脑性能(相关硬件与软件系统是否正常),完成基本账号和密码设置,向用户演示拨号及上网功能。

2. 任务要求

(1) 清点工具包,带齐相应工具;

(2) 一一对应地完成端接;

(3) 用仪表对数据端口进行测试;

(4) 确定好布线路由及终端安装位置;

(5) 选择合理的路由完成线槽布线和数据信息模块的连接;

(6) 完成终端设备的连接,通电开机;

(7) 设置并连接;

(8) 给用户进行上网演示且测速。

3. 实施条件

项目	基本实施条件	备 注
场地	通信网络构架健全,室外线路及设备敷设与安装齐全有效,室内场景尽量与实际结合,分线设备距用户距离不超过 150 m。三网融合末端装维实训室一间,工位 10 个	必备
设备	局端 DSLM 设备等,室外一体化机柜或交接箱,分线盒 10 个,电话机 10 个,电脑 10 台,Modem 10 个,电话接线盒 10 个	必备
仪表	查线机、寻线仪、ADSL 测试仪等	必备
工具	跳线枪、斜口钳、尖嘴钳、起子、楼梯、脚扣、综合布线工具包、人字梯等各 11 套	必备 (已考虑备用)
材料	跳线、分离器、末端线缆(电话皮线、超五类线)、卡钉扣 10 盒、橡胶封堵泥 1 袋、RJ11 水晶头 1 袋	必备 (已考虑备用)

4. 考核时间

考试时间：120 分钟。

5. 评价标准

评价内容		配分	考 核 点	扣 分	备 注
职业素养与操作规范 (20分)		5	做好安装前的工作准备：画出布线路由简图，进行仪器仪表、工具、器件的清点，并摆放整齐，必须穿戴劳动防护用品和工作服	路由简图绘制不正确，仪器仪表、工具、器材不齐，未穿戴劳动防护用品和工作服扣 1 分/项	出现明显失误造成器材或仪表、设备损坏等安全事故；严重违反考场纪律，造成恶劣影响的，本大项记 0 分
		10	采用合理的方法，正确选择并使用工具、器材	工具选择和使用不正确扣 3 分/件	
		5	1. 具有良好的职业操守、做到安全文明生产，有环保意识 2. 保持操作场地的文明整洁 3. 任务完成后，整齐摆放工具及凳子、整理工作台面等并符合要求	工位整理不到位扣 2 分	
作品 (80分)	线缆的布放及设备安装	25	1. 能准确合理地确定末端引入线的路由 2. 选用正确的工具，用正确的方法进行引入线缆的布放 3. 线缆布放必须符合布线规范要求，设备安装必须符合规范要求	路由选择不正确扣 5 分；工具选用不正确扣 5 分/件；缆线布放不规范扣 5 分/处；扣完为止	
	线缆的端接	25	1. 选用正确的工具 2. 用正确的方法进行引入线缆的端接 3. 用测试仪表进行测试判断	工具选用不正确扣 3 分/件；端接不良每端扣 5 分；测试不对扣 5 分；判断不对扣 5 分；扣完为止	
	业务开通	20	1. 能在终端设备上正确地进行数据配置、软件安装等 2. 能开通业务并验证	数据配置、软件安装不正确扣 5 分/项；业务未开通 5 分/项；扣完为止	
	结果报告	10	根据步骤和操作结果，写出任务操作报告	报告不完整扣 5～10 分	

◇◇◇◇ **过 关 训 练** ◇◇◇◇

1. 将蝶形引入光缆牵引出管孔后，应分别用手和眼睛确认光缆引出段上是否(　　)，如果有损伤，则放弃穿管的施工方式。

A. 交叉　　　　　　　　　　　　B. 凹陷

C. 损伤　　　　　　　　　　　　D. 压迫

2. 常见的 ONU 状态异常包括(　　)。

A. ONU 无法注册　　　　　　　　B. ONU 无法自动注册

C. 频繁掉线　　　　　　　　　　D. 以上都不对

3. 自承式蝶形引入光缆与其他线缆交叉处应使用缠绕管进行包扎保护，与电力线交越时，交越距离保持(　　)以上。

A. 0.5 m　　　　　　　　　　　　B. 1 m

C. 1.5 m　　　　　　　　　　　　D. 2 m

4. 将自承式蝶形引入光缆加强芯在 S 型固定件尾端的 H 槽内缠绕(　　)圈后回绕。

A. 1　　　　　　　　　　　　　　B. 3

C. 5　　　　　　　　　　　　　　D. 6

5. 采用线槽方式直线路由敷设蝶形引入光缆时使用(　　)。

A. 直线槽　　　　　　　　　　　B. 收尾线槽

C. 线槽软管　　　　　　　　　　D. 波纹管

6. 采用线槽方式敷设蝶形引入光缆，在外侧直角转弯处使用(　　)。

A. 阴角　　　　　　　　　　　　B. 阳角

C. 弯角　　　　　　　　　　　　D. 线槽软管

7. 采用线槽方式敷设蝶形引入光缆时，在跨越电力线或在墙面弯曲、凹凸时应使用(　　)。A. 直线槽　　　　　　　　　　　B. 收尾线槽

C. 线槽软管　　　　　　　　　　D. 波纹管

8. 光缆采用用户暗管方式敷设时，在经过转弯处的过路盒时，需在过路盒内余留(　　)cm，并绑扎成圈。

A. 30　　　　　　　　　　　　　B. 40

C. 50　　　　　　　　　　　　　D. 60

9. 在室内采用直接敲击的钉固方式敷设蝶形引入光缆时应使用(　　)。

A. 螺钉扣　　　　　　　　　　　B. 卡钉扣

C. 波纹管　　　　　　　　　　　D. 光缆固定槽

10. 在通汽车的里弄内架设市话线路的高度距地面(　　)m。

A. 3.5　　　　　　　　　　　　　B. 4

C. 4.5　　　　　　　　　　　　　D. 5

11. 用户安全与生产安全的基本纪律准则是(　　)。

A. 严格贯彻执行"安全生产制度"

B. 严格遵守线路安全技术操作规程和各项安全守则

C. 一切行动服从责任领导安排

D. 执行安全碰头会及记录报告制度

12. 遇外线工作，必须借用外来电源或电气工具时，应事先查明( )，并做好安全措施。

A. 电源   B. 电压

C. 工具性能   D. 服装

13. 推动滑梯或八字梯前，必须注意( )。

A. 梯子是否完好   B. 梯子是否能站稳

C. 梯前是否有人   D. 梯上是否放有工具材料

14. 上杆前，检查电杆是否牢固的方法有( )。

A. 叉杆法   B. 检查根部腐烂

C. 检查蚁蛀   D. 检查标识

15. 客户端维护服务工作包括( )等内容。

A. 故障处理   B. 用户引入线和皮线整治

C. 引入线路敷设   D. 设备安装

项目三　仪器、仪表的使用及管理

任务1　光纤熔接机

【任务要求】

(1) 识记：
- 了解光纤熔接机的工作原理；
- 掌握光纤熔接机的操作使用方法；
- 熟悉掌握光缆接续的基本技能；
- 掌握光通信仪器仪表的正确使用。

(2) 领会：
- 能够具有一定的故障判断、定位和处理能力；
- 能够进行光纤接续及接头盒安装；
- 能够对所测试出来的参数值进行正确的分析。

【理论知识】

光纤熔接机是完成光纤固定连接接续的专用机具，其外观如图 3-1-1 所示。

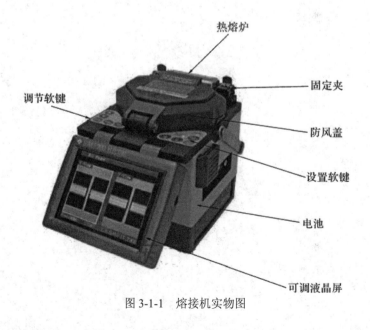

图 3-1-1　熔接机实物图

一、熔接机的工作原理

目前常用的光纤熔接机多采用纤芯直视法影像对准原理，通过特殊的光学成像方法，使放置在微调架上的光纤目视可见，并经过三维图像分析，通过微处理器控制，利用传感器来控制驱动马达，使待接续光纤的包层对准，并达到合理的间隙，再通过电极放出高压电弧，使两侧光纤熔融在一起。它的基本结构如图 3-1-2 所示。

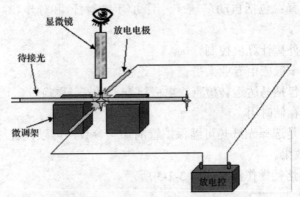

图 3-1-2 本地注入光熔接机原理

通过电弧放电使光纤熔融连接的优点是：熔接速度快，成本低，而且技术成熟。然而，正因为是间接对准，必然会影响光纤对准的精度。众所周知，裸光纤由涂覆层、包层和纤芯组成。光纤熔接一般是熔接包层和纤芯，如果熔接过程中仅仅对准包层，由于熔接两端纤芯的同心度不一致，就会增加熔接损耗。因此，现在也出现了一种本地光注入系统的熔接机，可较好实现芯—芯对准。

本地光注入系统能够进行传输功率测试从而达到精确的光纤芯—芯对准和自动熔接时间控制的目的。具体而言，它采用了光功率测试技术，首先将单模激光通过左侧的微弯耦合器注入纤芯，然后光信号由右侧的微弯耦合器耦合出纤芯，并由探测器探测光功率。在两根光纤进行 X 轴和 Y 轴对准的过程中，当耦合注入的光功率和耦合输出的光功率相当时，表明两根光纤已经实现了芯—芯对准。

二、工作步骤

光纤的接续是一项人工与设备良好配合的过程，而且还需要多种专用工具，例如开缆工具、套管剥除工具、光纤剥除和切割工具等。在光纤放入熔接机前，有相当多的操作是人工完成的，而且还直接关乎光纤接续质量，需要熟练、合理地操作。熔接机完成的只是端面制备良好的待接光纤妥善放入后的工作。

光纤熔接机的操作步骤如下：

(1) 参数设置：

① 光纤外形或种类选择包括单模、多模、特种光纤(例如含钛光纤、色散位移光纤)，以及用户可自行编辑组合的各种类型的光纤，如康宁、朗讯等不同厂家光纤的对接等。

② 对芯方式，有些熔接机有选择调节对芯方式的功能，如纤芯对准、外径对准和预偏芯对准等。

③ 数据显示存储设置：熔接机可以存储接续记录，可选或不选。

④ 放电试验：熔接机可通过放电试验来自动检验调节放电电极状态，方法是截取待接光纤，制备端面后放入熔接机，选择放电试验（YES），熔接机会自动放电预熔，直至达到合理状态。

⑤ 其他例如日期、时间的调节等。

(2) 方式选择：

① 熔接方式选择：包括自动（一般）、手动（手动对纤）和分步（临时连接时可用）三种方式。

② 通信：可以外接计算机控制。

③ 参数修改：一般应由专业人员查看、设置。

④ 维护状态：包括马达运转检查，电极检查、保养、更换等。

⑤ 光纤命名：存储时用。

⑥ 加热条件：是选择光纤热可缩保护管的加热参数，可以设置加热长度和加热条件来调整加热时间或效果。

(3) 熔接机自动熔接操作流程如图 3-1-3 所示。

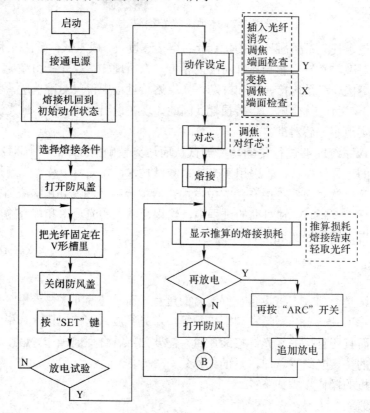

图 3-1-3　熔接机自动熔接操作流程

(4) 完成接续、取出光纤、熔接机复位后，要进行光纤接头的热熔加强保护，要使用质量合格的热熔保护管(加热后均匀收缩，无气泡、凹凸和流液现象)，光纤接续点应在保护管中心，涂覆层离接续点距离应大于 6 mm，放置在热熔炉中时应按顺序逐侧合上光纤钳夹，保持光纤笔直。

三、质量评判

从熔接机显示屏上显示的光纤接续点放大图形，可以判断接续质量(如表 3-1-1 和表 3-1-2)。

表 3-1-1 熔接质量不正常的情况

屏幕上显示图形	形成原因及处理方法
	由于端面尘埃、结露、切断角不良以及放电时间过短引起。熔接损耗很高，需要重新熔接
	由于端面不良或放电电流过大引起，需重新熔接
	熔接参数设置不当，引起光纤间隙过大，需要重新熔接
	端面污染或接续操作不良。选按"ARC"追加放电后，如黑影消失，推算损耗值又较小，仍可认为合格；否则，需要重新熔接

表 3-1-2 熔接质量正常的情况

屏幕显示图形	形成原因及处理方法
白线	光学现象，对连接特性没有影响
模糊细线	光学现象，对连接特性没有影响
包层错位	两根光纤的偏心率不同。推算损耗较小，说明光纤仍已对准，属质量良好
包层不齐	两根光纤外径不同。若推算损耗值合格，可看做质量合格
污点或伤痕	应注意光纤的清洁和切断操作，不影响传光

四、保养事项

一般来说野外工作环境较差，所以熔接机的平时保养维护对熔接效果、使用寿命至关重要。下面介绍一些常用保养注意事项。

(1) 熔接机作为一种专用精密仪器，平时应注意尽量避免过分地震动，注意防水、防潮，可在机箱内放入干燥剂，并在不用时放在干燥通风处。

(2) 另保持升降镜、防风罩反光镜的镜面清洁，一般不要自行擦拭。

(3) 保持 V 形槽的清洁，可用酒精棒擦拭。

(4) 保持压板、压脚的清洁，可用酒精棒擦拭，压上时要密封。

(5) 注意防风罩的灵敏性。在做熔接准备工作以及放入光纤后，不要打开防风罩，避免灰尘进入。不要随意更改机器的内部参数，必要时咨询仪表厂商的技术人员。

(6) 野外所使用的电源主要以发电机为主，电压不太稳定时(刚开机的时候会有一个峰值)，需要增加稳压器，待电压稳定以后再接入熔接机适配器。如有电池，应严格按充放电要求进行充放电。

(7) 熔接机的摄像镜头和反射镜面要注意防灰尘。不要用嘴对着镜头呵气，特别是在寒冷季节，不经意的说话都有可能造成热气覆盖镜头、镜面。

(8) 熔接机的 V 形槽夹具是一种精密的陶瓷，不能用高压的气体进行冲刷，有灰尘时可用一根竹制的牙签，将其削成 V 形，带棉球蘸取少量的酒精进行清洁。

(9) 光纤切割刀的简单调整：由于所切割的光纤种类较多，如果发现某一种光纤的切割断面质量一直不好，有必要进行调整。调整的时候需要结合熔接机，在熔接机的显示屏下进行调整。

(10) 熔接机的使用原则：熔接机包括切割刀必须由专人使用、专人保养。

任务 2　光源与光功率计

【任务要求】

(1) 识记：
- 了解光源与光功率计的工作原理；
- 掌握光源与光功率计的操作使用方法；
- 掌握光通信仪器仪表的正确使用。

(2) 领会：
- 能够具有一定的故障判断、定位和处理能力；
- 能够进行光纤链路的信号测试；
- 能够对所测试出来的参数值进行正确的分析。

【理论知识】

一、光源、光功率计的使用

1. 光源的使用方法

光纤通信技术中，进行光纤衰耗的测量，连接损耗的测量，活动连接器损耗以及光电器件或光收端机灵敏度的测量时，光源是不可缺少的信号源。其实物图如图 3-2-1 所示。

光源的操作步骤如下：

(1) 开机。按压开关键约 3 s 即可开机(注意，有些仪表直接按压即可开机)。

(2) 选择波长。用户可根据需要选择与测试需求相匹配的波长，常用的测试波长有 1550 nm、1490 nm 或 1310 nm。

(3) 选择光输出方式。光输出方式有两种：连续光和 2 kHz 调制光，可根据需要进行选择。

特别注意，为确保测试的准确性，需要保持光源仪表的工作电源充足，除此之外，普通的光源仪表开机后还需要考虑预热时间。

图 3-2-1 光源实物图

2. 光功率计的使用方法

光功率计是指用于测量绝对光功率或通过一段光纤的光功率相对损耗的仪器。在光纤系统中，测量光功率是最基本的，非常像电子学中的万用表；在光纤测量中，光功率计是重负荷常用表。通过测量发射端机或光网络的绝对功率，一台光功率计就能够评价光端设备的性能。用光功率计与稳定光源组合使用，则能够测量连接损耗、检验连续性，并帮助评估光纤链路的传输质量。其实物图如图 3-2-2 所示。

图 3-2-2 光功率计实物图

1) 使用说明

(1) 开机。显示三个波长的测量结果，1310 nm 上行测试和 1490 nm/1550 nm 下行测试。光通道有光进入时显示测试值，无光时显示"LOW"。

(2) 阈值设置。阈值设置会影响三路指示灯的显示状态及测量结果显示状态。如在 1310 nm 测试光功率值大于 −15 dBm 时，则表示光路是正常的，此时 1310 nm 指示灯显示绿色；如果测试光功率值为 −15～−30 dBm，则表示光路可能存在问题但是能够使用，此时 1310 nm 指示灯显示黄色；如果测试光功率值为 −30～−40 dBm，则表示光路存在异常，此时 1310 nm 指示灯显示红色；如果测试光功率计值小于 −40 dBm，则此时 1310 nm 指示灯不亮，液晶显示结果区也显示 LOW。1490 nm、1550 nm 的测试同上。

(3) 校准设置。校准设置用来设置偏移量的大小，使功率显示值整体加上一个值。

(4) 数据保存或上传。

2) 测试步骤

(1) 按开机键开启光功率计。

(2) 进入阈值设置界面进行阈值设置。

(3) 连接待测光纤。

可同时进行 1310 nm 上行，1490 nm、1550 nm 下行三个波长的测试。例如，1310 nm 上行测试光功率计值为 +1 dBm，阈值范围为 +3～−10 dBm，表示光路正常，指示灯显示为绿色。

光功率计分为不同的型号、精度、接口等参数，使用时应根据实际的不同使用需求选择合适的光功率计，主要应该参照：

(1) 确定这些型号与所测量范围和显示分辨率相一致。

(2) 具备直接插入损耗测量的 dB 功能。

(3) 选择最优的探头类型和接口类型。

(4) 评价校准精度和制造校准程序，与光纤和接头要求范围相匹配。

3) mW/dBm/dB 间的关系

dBm 是功率单位，表示以 mW 计数的功率取对数乘 10。比如 0.1 mW 的功率，就是 $10 \times \lg 0.1 = -10$ dBm。dB 是一个无量纲的单位，表示两个数据的差距。比如一个信号是 20 mW，一个信号是 200 mW，那么它们的差距就是 $10 \times \lg(200/20) = 10$ dB。

二、光纤链路测试

在得出 ONU 设备 PON 口上行平均发送光功率的同时，可测出 OLT 的 1490 nm 的下行光功率值，减去 OLT 设备 PON 口下行平均发送光功率，便是此条链路的全程光衰耗。全程链路光衰减是否正常应考虑 OLT 端口的发光功率、光缆长度、转接处的衰耗值以及分光器的分光比等因素。

(1) 下行：光源放置在局端(靠近 OLT)，将接 PON 接口的跳纤接至光源，发 1490 nm 波长的光。光功率计放置在客户端(靠近 ONU)，将接 ONU 的跳纤接至光功率计，调节光功率计接收模式为 1490 nm。如果需要传输 CATV 信号，则下行需要对 1550 nm 波长的光进行测试，如图 3-2-3 所示。

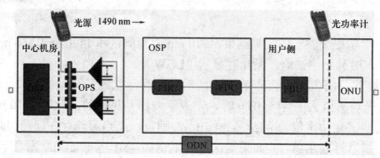

图 3-2-3　光源 + 光功率计测试链路插入损耗(下行)

(2) 上行：光源放置在客户端(靠近 ONU)，将接 ONU 的跳纤接至光源，发 1310 nm 波长的光。光功率计放置在局端(靠近 OLT)，将接 PON 接口的跳纤接至光功率计，调节光功率计接收模式为 1310 nm，如图 3-2-4 所示。

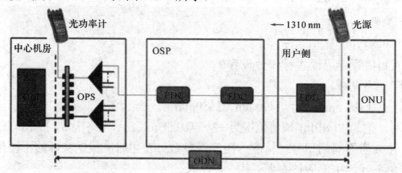

图 3-2-4　光源 + 光功率计测试链路插入损耗(上行)

如果需要测试 ONU 至 OTL 上行平均发送光功率值的大小，则需要使用专用的 PON

网络光功率计仪表(如图 3-2-5 所示),将光功率计仪表串联在光链路中,其连接示意图如图 3-2-6 所示。

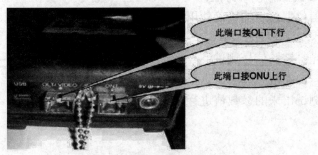

图 3-2-5 PON 光功率计实物图

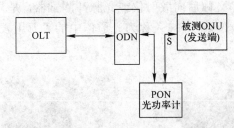

图 3-2-6 ONU 设备 PON 口上行平均发送光功率测试连接示意图

测试步骤如下:

(1) 对 OLT 设备和 ONU 设备上电,待 PON 口工作正常后进行测试。

(2) 如图 3-2-6 所示连接设备仪表,必须使用 FTTX 专用光功率计。

(3) 用 FTTX 光功率计在 S 点测试,测出 1310 nm 波长的上行光功率值。

三、维护与保养

(1) 不要把电池或装有电池的仪器长时间置于非常热的环境,例如汽车内。

(2) 没有充电的电池不要长时间放在仪器内。

(3) 储存超过半年的电池要定期充放电。

(4) 仪器内部的充电电路可在使用直流电源供电时充电。

(5) 防尘盖以仪器左上角为轴自右向左开启。

(6) 为了保证性能测试的准确性,要求光纤跳线与光功率测试输入端口紧密连接,并且保持光纤端面的清洁。

(7) 使用时应用无纺布清洁光纤跳线端面。

任务 3 OTDR

【任务要求】

(1) 识记:

- 了解 OTDR 的工作原理；
- 掌握 OTDR 的操作使用方法；
- 掌握光通信仪器仪表的正确使用。

(2) 领会：

- 能够进行光纤链路信号测试；
- 能够具有一定的故障判断、定位和处理能力；
- 能够对所测试出来的参数值进行正确的分析。

【理论知识】

光时域反射仪(OTDR)又称后向散射仪或光脉冲测试器，是光纤光缆的生产、施工及维护工作中不可缺少的重要仪表，被人称为光通信中的"万用表"，其实物图如图 3-3-1 所示。

图 3-3-1　OTDR 实物图

一、使用方法

1. 实际测试流程

OTDR 的实际测试流程如下：

(1) 连接电源开机。

(2) 选择测试方法。

(3) 自动测试(估算被测光纤长度)。

(4) 设置相关参数。

(5) 手动测试(精确测量)。

(6) 分析测试曲线。

(7) 准确得到相关数据。

2. 测试曲线

OTDR 的测试曲线如图 3-3-2 所示。

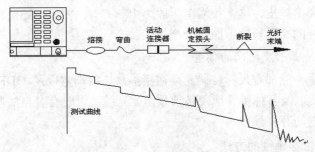

图 3-3-2　测试曲线图

3. 参数设置

(1) 量程：待测光纤长度的 1.2~1.5 倍。

(2) 波长：1310 nm，1550 nm。

(3) 折射率：1.46~1.48(以厂家给定的值为准)。

(4) 脉宽：长距离选择大脉宽，短距离选择小脉宽(根据曲线的分辨率来设定)。

(5) 平均处理：时间/次数(越长越精确)。

4. 曲线分析

曲线分析的内容如下：

(1) 事件。

(2) 引起事件的原因。

(3) 事件点的距离。

(4) 事件点的损耗。

(5) 光纤末端。

(6) 盲区和动态范围。

(7) 两点测试法。

二、光纤故障的判断与定位

1. 影响准确判定的主要因素

1) OTDR 测试仪表本身存在的固有偏差

由 OTDR 的测试原理可知，它按一定的周期向被测光纤发送光脉冲，再按一定的速率将来自光纤的背向散射信号抽样、量化、编码后存储并显示出来。这样，OTDR 仪表本身就由于抽样间隔而存在误差，这种固有偏差主要反映在距离分辨率(单点分辨率)上。

2) 测试仪表操作不当产生的误差

在光缆故障定位测试时，OTDR 仪表使用的正确性与障碍测试的准确性直接相关。例如：仪表参数设定的准确性、仪表量程范围的选择不当或游标设置不准等都将导致测试结果的误差。

3) 光纤在光缆中的富余度和纽绞超长造成纤长大于皮长

在松套光缆结构设计时，考虑到光缆承受拉力而延伸时光纤不受力，要求光纤在光缆中有一定的富余度，一般这个值为 0.2%~0.8%。对于层绞或骨架光缆，光纤沿缆芯纽绞使光纤实际的长度超出缆皮，这个绞缩率一般为 1%～3%。由于上述两种原因，光缆的皮长尺码不能对应光纤的实际长度，因此会产生误差。

4) 光缆皮长与地面长度之间的偏差

虽然光缆外皮上一般都有尺标，但光缆在接头盒、终端盒以及 ODF 架中光纤都有盘留，进线室、接头坑以及各种特殊地段必须预留，光缆敷设时会有自然弯曲等原因造成光缆皮长与地面长度之间存在偏差。

2. 提高故障定位准确性的方法

(1) 正确、熟练地掌握仪表的使用方法。

① 准确设置 OTDR 参数。使用 OTDR 测试时，必须先进行仪表参数设定，其中最主要的参数设定是测试光纤的折射率和测试波长。只有准确地设置了测试仪表的基本参数，才能为准确的测试创造条件。性能良好的仪表一般光纤折射率设置时可以精确到小数点后五位，并且具有在光纤链路的各段折射率不同时，对整条光纤链路中各种折射率参数进行分段设定的功能。

② 选择适当的测试范围档。对于不同的测试范围档，OTDR 测试的距离分辨率是不同的。在测量光纤的障碍点时，应选择大于被测距离而又最为接近的测试范围档，这样才能充分利用仪表的本身精度。目前，一些性能优良的 OTDR 采用了无固定量程范围的测试，使仪表根据被测光纤的长度自动选取最为恰当的量程。

③ 应用仪表的放大功能。应用 OTDR 的放大功能(即缩放键)就可将游标准确地置定在相应的拐点上，例如故障点的拐点、光纤始端点、光纤末端拐点。使用放大功能键或将图形放大到 25 m/div 时，便可得到分辨率小于 1.0 m 的比较准确的测试结果。

(2) 建立准确、完整的原始资料。准确、完整的光缆线路资料是障碍测量、判定的基本依据。因此，必须重视线路资料的收集、整理、核对工作，建立起真实、可信、完整的线路资料。

(3) 进行正确的换算。有了准确、完整的原始资料，便可将 OTDR 测出的故障光纤长度与原始资料对比，迅速查出故障点是发生在哪两个接头(或哪两个标石)之间。但是，要准确判断故障点位置，还必须把测试的光纤长度换算为测试端(或相邻接头点)至故障点的地面长度，再结合原始资料查找故障点的具体位置。

三、维护与保养

维护与保养时应注意以下内容：

(1) 注意存放、使用环境要清洁、干燥、无腐蚀。

(2) 光耦合器连接口要保持清洁，在成批测试光纤时，尽量采用过渡尾纤连接，以减少直接插拔的次数，避免损坏连接口。

(3) 光源开启前确认对端无设备接入，以免损坏激光器或损坏对端设备。

(4) 尽量避免长时间开启光源。

(5) 长期不用时每月作通电检查。

(6) 由专人负责存放、保养，作好使用记录。

任务4 光 话 机

【任务要求】

(1) 识记：
- 了解光话机的工作原理；
- 掌握光话机操作的使用方法；
- 掌握光通信仪器仪表的正确使用。

(2) 领会：
- 能够进行光纤链路的信号测试；
- 能够对所测试出来的参数值进行正确的分析。

【理论知识】

光话机一般用于数字数据网、电信网和有线电视等光纤线路工程的施工、检测和维护，可实现全双工通信，通话品质高，不会因距离远近而有所不同。手持式光话机实物图如图3-4-1所示。

图 3-4-1 手持式光话机实物图

一、主要特点

光话机的主要特点如下：
(1) 具有进口激光发射和探测器件。
(2) 低功耗，节约能源，属于绿色环保型仪表。
(3) 具有长短通信切换功能，适用于不同的场合。
(4) 具有话音清晰、背景噪声小、体贴周到的呼叫功能。
(5) 具有 32 档电子音量调节功能。

(6) 具有关机音量自动保存功能和低电量预警功能。

(7) 1550 nm 波长条件下超大的动态范围达 50 dB。

(8) 体积小，重量轻，易于携带。

(9) 支持与 PHOTOM 光话机通信。

二、产品规格

光话机的产品规格如表 3-4-1 所示。

表 3-4-1　光话机的产品规格表

波　长	A：1310 nm，　B：1550 nm
通信方式	全双工方式
调制方式	模拟数字混合方式
光纤类型	单模光纤　SM10/125
适配器类型	SC(standard)，　FC，　ST，　DIN(optional) (选配)
动态范围	Short：≤30 dBm；Long：≥30 dBm
蜂鸣器	150 Hz
电源	9 V 叠层电池，9 V 稳压变压器(选配)
工作时间	≥8 小时
尺寸	130L*69W*22H
温度	工作温度：−10～+50℃；储存温度：−20～+60℃
工作湿度	＜90%
净重	180 g(包括电池)

任务 5　寻线仪与查线机

【任务要求】

(1) 识记：

· 了解寻线仪和查线机的工作原理；

· 掌握寻线仪和查线机的操作使用方法。

(2) 领会：

· 能够进行对线缆链路的信号测试。

【理论知识】

寻线仪可以迅速高效地从大量的线束线缆中找到所需线缆，是网络线缆、通信线缆、各种金属线路施工工程和日常维护过程中查找线缆的必备工具。其实物图如图 3-5-1 所示。

图 3-5-1 寻线仪与查线机

寻线仪由信号振荡发声器和寻线器及相应的适配线组成,其工作原理为:信号振荡发声器发出的声音信号通过 RJ45/RJ11 通用接口接入目标线缆的端口上,使目标线缆回路周围产生一环绕的声音信号场,然后用高灵敏度感应式寻线器很快在回路沿途和末端识别它发出信号场,从而找到这条目的线缆。

寻线仪是利用了感应寻线原理来寻找线缆,所以它不需打开线缆的绝缘层,在线缆外皮上的不同部位找到信号。我们可以利用这一原理在线缆群束中、地毯下、装饰墙内、天花板上迅速找到所需电缆以及它的断点的大概位置。

一、使用方法

寻线仪支持在大部分电话交换机和网络交换机开机状态下直接使用,不用把网络和电话线缆从交换机上取下来。(注意:要判断声音大小,声音最大的是你要寻找的目的线缆,如果感觉确认不准确,可以把你认为是正确的线缆从交换机或配线架上取下来直接插在寻线器接收器的线续接口上,指示灯 1、3、4、5、7 灯会亮,4 灯最亮,这样就能更准确地确认你要查找的目的线缆;另外还要注意交换机的强电干扰,尽量离交换机远些,这样声音效果会更清楚。)

在机房有配线架的情况下,如果配线架和交换机之间有跳线连接,直接寻找跳线就可以把你初步确认的目的线缆同其他跳线分开 5 cm 左右的距离,此时发出非常响亮的声音,证明就是正确的;如果没有接跳线直接查找配线架端口,可以把接收器的探头直接插到 RJ45 接口里,这样你要找的目的线和其他的线缆有明显的声音区别。(注意:因为配线架的端口之间距离很近,所以其他的端口会有微弱的声音产生,要以最大的声音来定位你所找的线缆,如果还认为不准确可以进一步确认。)

对电池要求使用完一定注意关闭开关,如长时间不使用,最好把电池取出来。如果你要寻找的电缆是屏蔽的电缆 (如大对数电话电缆、屏蔽网线等),则在 50 m 内还是可以直接寻找的,但是远距离时就要在线缆的接口处寻找,也就是屏蔽打开的地方。

寻线仪支持交换机开机状态下直接校对线续,只要网络线缆另外一端接在交换机上,线续也会按正常线续走。有的交换机只接了 1、2、3、6 这 4 根线,那么寻线器的指示灯也是对应 1、2、3、6 来闪烁,这样也是正确的,网络畅通也一样正常。支持电话线短路测试,把电话线直接插在 TESTER 接口上,如 4 和 5 灯循环亮,证明短路;如 4 灯长亮,证明电话线正常,可以通话;如指示灯无任何反应,证明电话线有断点。

二、链路测试

链路测试具有如下几项功能：

(1) 测试功能。其使用方法为：将需测试线路的一端接入发射器的端口(可插 RJ45 和 RJ11 端头)，然后将发射器的开关拨至"测线"位置，测线指示 LED 灯亮起表示发射器可以正常工作。将待测寻线仪的一端接入接收器的端口(接收器不用打开电源)即可根据接收器上的 8 个 LED 信号指示灯的状态来判断线路是否有开短路、交叉、混线和线路不通等状态。

(2) 寻线功能。其使用方法为：将需寻线线路的一端接入发射器的端口(可插 RJ45 和 RJ11 端头，或通过鳄鱼嘴夹接在无端头的金属线缆上)，将发射器的开关拨至"寻线"位置，寻线指示 LED 灯亮起。打开接收器的电源开关，电源指示 LED 灯亮起，即可进行寻线，在待寻线路的一端接收器用探测金属头侦听众多无端头的线缆或线芯(无需剥线皮，无需接触上，只需靠近即可)，接收器会发出"嘟嘟"的声音。声音最大、最清晰的即是要寻找的目标线。在环境噪音较大的情况下为避免声音影响他人时，可戴上耳机侦听，同时可调节音量大小至最舒适的位置。

(3) 网线线序校对及其他功能。寻线器可以检测双绞线网络线路(8 芯)的线序和线号，可直接显示线路的直流通路状态。例如：超五类/六类双绞线的直流通路 8 芯线序的状况为 1、2、3、4、5、6、7、8 的线序分别有对应的指示 LED 灯按顺序显示。

任务6　ADSL 测试仪

【任务要求】

(1) 识记：

· 了解 ADSL 测试仪的工作原理；

· 掌握 ADSL 测试仪的操作使用方法。

(2) 领会：

· 能够进行对线缆链路的信号测试。

【理论知识】

ADSL 测试仪是电缆线路测试中的重要仪表，它可以测试电缆线路的电阻和电容，根据电阻和电容的大小判断电缆传输线路的长度；也可以测试电缆线路的通路或断路；还可以测试电缆传输线路的传输指标。其实物图如图 3-6-1 所示。

1. 使用须知

(1) 首次使用时，建议先将仪器充足电后再使用。

图 3-6-1　ST311 测试仪

(2) 操作功能键时，应多按一会儿(约 0.5 s)以确保正常操作。

(3) 用户终端使用中，ADSL 测试将受到影响，应断开用户端测试。

(4) 进行 ADSL 功能测试时，若有链接不通的现象，应检查线路。

(5) 仪器的电压测试功能只能测试直流电压，切勿用于测试市电等交流电压。

(6) 在进行环阻、电容、绝缘测试时，应先断开线路与局端的连接。

(7) 在仪器测试等待状态时，请勿进行其他键盘输入。

(8) 若操作中发现异常现象，应关机后重新开机测试。

2. 电缆链路测试

能应用 ADSL 传输的线路最长典型值为 4~6 km，这只是估算值，确切的最大长度应根据铜线规格、线路条件而定。实际操作中的线路长度估算法有如下两种。

1) 用环阻进行估算

将待测线路的终端短接，测得线路的实际环阻值为 R_L(单位：Ω)，则线路的长度为

$$L = \frac{R_L}{R_0} \quad (km)$$

式中，R_0 为每公里线路的环阻值。一般 0.32、0.4 和 0.5 规格的芯线分别为 472.0 Ω、296.0 Ω 和 190.0 Ω。

测试时首先断开待测线路同局端、用户端的任何连接，同时将待测线路的终端短接，将仪器设置在"环阻测试"，将测试鱼夹接入待测试的线路，按"确认"键即进入环阻测试状态，测试仪会直接显示出线路的环阻值。环阻测试的范围为 0~2000 Ω。

如果测试过程中仪器提示"测试超量程，请取下测试夹"，则表明测试夹未接好或线路未成环或环阻超量程，应检查测试夹或将线路终端环接好后重新测试。

此项测试时，如果线路有电压(电压大于 2 V)测试仪会提示"线路有电压请取下测试夹"，然后返回到线路测试菜单，此时表明线路有电，不能测试环阻，应检查线路，待没有电后再进行测试。环阻测试示意图如图 3-6-2 所示。

图 3-6-2　环阻测试示意图

2) 用线路分布电容进行估算

断开待测线路同局端、用户端的任何连接，同时保持待测线对两端开路，测得线路的实际电容值为 C_{ab}(单位：nF)，则线路的长度为

$$L = \frac{C_{ab}}{C_0} \quad (\text{km})$$

式中，C_0 为每公里线路的电容值(单位：nF)。一般常用的电话通信电缆每公里的线间电容值为 52 ± 2 nF。

3. 电容测试

测量时首先断开待测线路同局端、用户端的任何连接，同时保持待测线对两端开路。将仪表设置为"电容测试"，将测试鱼夹接入待测试的线路，按"确认"键，测试仪会直接显示出线路的电容值。电容测试的范围为 0～300 nF。

如果测试过程中测试仪提示"测试超量程，请取下测试夹"，则表明线路电容超量程或线路存在障碍，应检查线路后重新测试。

此项测试时，如果线路有电压(电压大于 2 V)测试仪会提示"线路有电压请取下测试夹"，然后返回到线路测试菜单，此时表明线路有电，不能测试电容，应检查线路，待没有电后再进行测试。电容测试示意图如图 3-6-3 所示。

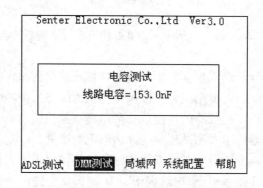

图 3-6-3　电容测试示意图

注意：若环阻测试与电容测试后，计算的线路长度相差很大，说明线路存在障碍，应对线路进行维修。一般而言，线路环阻值偏大表明线路存有接触不良的接头，线路电容值偏大表明线路存有桥接抽头或浸水受潮。

任务 7　IPTV 仿真测试仪

【任务要求】

(1) 识记：
- 了解 IPTV 测试仪的工作原理；
- 掌握 IPTV 测试仪的操作使用方法。

(2) 领会：
- 能够进行对线缆链路的信号测试；
- 能够具有一定的故障判断、定位和处理能力。

【理论知识】

ST363 IPTV 仿真测试仪兼具 xDSL 测试功能，并可以同时测试视频流的网络传输质量(抖动、丢包、速率、MDI DF 延时因素等)、码流质量(ISO TR101290 三级告警)和网络配置。

仪表支持当前主流的 TS 和 ISMA，支持 UDP、TCP 等多种网络传输封装方式，支持MPEG4、H264 AVS 等多种音视频编码格式，支持传输质量分析的实时曲线显示，支持侦听和组播环境中的机顶盒仿真测试，并同时提供仿真、侦听、串接、直连等多种测试模式。

ST363 IPTV 仿真测试仪还具有 IPTV 机顶盒仿真功能，在测试指标的同时可以进行视频还原，以直观的方式判定 IPTV 服务质量，其实物图如图 3-7-1 所示。

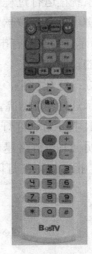

图 3-7-1　ST363 IPTV 仿真测试仪

IPTV 仿真测试仪的结构图如图 3-7-2 所示，其主要部件如下：

① 总电源开关：控制总电源通断。

② 机顶盒模块电源：控制机顶盒模块的通断电开关。

③ 仪器显示屏：仪器显示器为 TFT 真彩液晶显示屏，点阵为 240×320 点阵，并带有触摸屏。

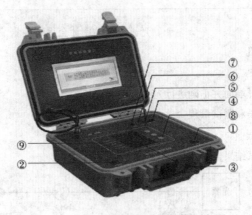

图 3-7-2　IPTV 仿真测试仪结构示意图

④ 以太网测试口：以太网接口用于接以太网线。

⑤ xDSL 测试口：是 xDSL 用户线接口和标准的 RJ11 接口，用来接 RJ11 插头。

⑥ USB 接口：可接 U 盘或鼠标等设备。

⑦ 电源插口：充电用接口。

⑧ 仪器按键：主要有开机键、关机键、复位键。各按键功能说明如下：

开机键：用于分析仪的开机，按下该键即开机。

关机键：分析仪的硬关机键，按住该键 1 s 左右，仪器即弹出关机窗口，在用户确认后即可以关闭仪器。当仪器出现异常无法通过关闭系统图标或关机键关机时，长时间按住关机键即可以把仪器电源关闭(约 7 s)。

复位键：系统在运行过程中受到偶然因素影响导致出现异常时，通过复位键可使系统复位。如复位键不能复位仪器，则按关机键关闭系统后再开机。

⑨ 仪器指示灯：主要有电源指示灯、以太网指示灯、xDSL LINK 指示灯、xDSL ACT 指示灯。各灯的说明如下：

电源指示灯：红灯常亮，表明仪器通电。

以太网指示灯：红灯常亮，表明以太网链路正常；红灯闪烁，表明以太网有数据流量。

xDSL LINK 指示灯：红灯闪烁，表明 xDSL Modem 正在进行 xDSL 链路协商或训练；红灯常亮，表明 xDSL 链路建立并工作正常。

xDSL ACT 指示灯：红灯闪烁，表明 xDSL 链路有数据流量。

◆◆◆◆ **实 践 项 目** ◆◆◆◆

项目名称	光 缆 测 试
任务描述	1. 每组熟悉各类光纤测试仪表的使用 2. 每组用光源和光功率计测试一段光缆链路的全程损耗并记录 3. 每组用 OTDR 测试一段光缆链路的 $P\text{-}L$ 曲线，并进行曲线分析、数据记录和保存
示范标准	一、光源、光功率计全程衰耗测试 1. 仪表开机 2. 仪表预热 3. 清洗光纤端面并正确进行光纤连接 4. 选择波长和测试量程 5. 放光测试 6. 记录测试结果

项目名称	光　缆　测　试
示范标准	二、OTDR 光缆链路测试 1. 仪表开机 2. 清洁光纤端面并正确进行光纤连接 3. 自动测试判断待测光纤长度 4. 根据待测光纤长度进行参数设置(量程：小于 10 km；波长：1310 nm 或 1550 nm；折射率：1.4678；脉冲宽度：30 ns；平均处理：20) 5. 手动放光得到 P-L 曲线 6. 曲线分析 7. 数据记录(实测长度，事件及原因，事件损耗或全程损耗) 8. 保存曲线(公司名称：拼音首字母表示；操作人员姓名：拼音首字母表示)

记录结果	光源、光功率计				
	总衰减				
	光时域反射仪				
	长度		事件及原因		事件损耗(全程损耗)	

教师评语	

考评等级	

项目四　日常维护

【任务要求】

(1) 识记：
- 了解通信线路定期巡检制度。

(2) 领会：
- 能够具有一定的故障判断、定位和处理能力；
- 能够对突发情况作出正确合理的处理。

【理论知识】

一、线路巡检

(1) 通信线路的巡检是通信线路日常维护的主要方法之一，是预防通信线路发生障碍的重要措施，是通信线路维护人员的主要任务。

(2) 通信线路维护人员必须参照通信线路质量标准，并按照规定的通信线路日常维护项目和周期对通信线路进行巡视维护。

(3) 通信线路维护必须对所维护通信线路进行全面的步巡维护，要求每月不少于 12 次，遇到恶劣天气，如刮风、下雨、下雪等情况时必须加强对通信线路的巡视。

(4) 对重点地区，如通信线路跨越公路、铁路、高速公路、基建施工工地、电力变压器等的通信线路应加强巡视检查并做好相应记录，及时发现存在的问题和隐患。

(5) 通信线路巡视要特别注意通信线路周围环境的变化，如是否有市政工程施工、电力线路改造等情况。遇到有可能危及通信线路安全的情况要及时安排专人值守现场，保护通信线路安全并及时通报和组织处理。

(6) 通信线路巡视检查中发现重大问题和情况要及时与有关人员联系，详细汇报相关情况，对于一般问题要及时发现和认真记录并采取相应措施。

(7) 按照约定时间每周每月及时提供通信线路维护工作报告及下周下月工作计划，在报告中应全面、真实地反映本周本月工作的实际情况和存在的问题，要求报告清晰、明确、全面、细致。

(8) 认真做好通信线路维护工作相应的巡视记录表并定期与维护管理部门进行沟通交流，提高巡视及维护水平。

(9) 认真做好和通信线路维护工作涉及的相关单位的协调和配合工作，如供电局、市政等，并和相关单位及时交流有关信息，以便及时反馈和响应，确保通信线路安全。

(10) 做好管道和直埋通信路由沿线的宣传工作。

(11) 在通信线路巡检过程中应严格执行有关安全规程的相关安全规定,防止和杜绝人身及设备事故的发生。

二、设备检修

1. 光端机检修

1) 加强日常管理,杜绝火灾发生

(1) 机房内不得存放易燃、可燃液体或物体,机房内清洗、维护通信设备必须使用易燃可燃液体时,应严格限制用量。在单独房间内进行时,严禁使用易燃液体刷地板和清洗设备。

(2) 机房内严禁吸烟,室内各类可燃物品要妥善保管,禁止放在电气开关、插座和熔断器的周围和下方;电源线附近不得堆放纸张等可燃物。

(3) 各种安全保护设施要经常检查、测试和维修,选用合格电器产品,不准使用电炉等加热设备。

2) 完善消防设施设备,确保防火安全

(1) 通信机房应设置火灾自动报警和自动气体灭火系统,小型通信机房和其他较集中的机房应设置无管雨小型自动报警灭火器,并根据要求安装室内消防给水系统。

(2) 通信机房内应按照《建筑灭火器配置设计规范》合理配备适量手推式的推车式灭火器。

(3) 对火灾自动报警和自动灭火系统进行维护的人员要经过专门培训,持证上岗。

3) 光板维护的注意事项

(1) 光接口板上未用的光口一定要用防尘帽盖住,这样既可以预防维护人员无意中直视光口损伤眼睛又能起到对光口防尘的作用,避免灰尘进入光口后影响发光口的输出光功率和收光口的接收灵敏度。

(2) 日常维护工作中使用的尾纤在不用时尾纤接头也要戴上防尘帽。

(3) 不要直视光板上的光口以防激光灼伤眼睛。

(4) 清洗光纤头时应使用无尘纸蘸无水酒精小心清洗,不能使用普通的工业酒精、医用酒精或水。

(5) 更换光板时注意应先拔掉光板上的光纤再拔光板,不要带纤插拔板。

4) 设备的通电顺序

(1) 确认设备的硬件安装和线缆布放完全正确,设备的输入电源符合要求,设备内无短路现象。

(2) 机柜通电,机柜顶部的电源指示灯绿灯应亮。

(3) 风扇通电,观察风扇是否正常运转。

(4) 子架通电,观察各单板指示灯是否正常。

5) 设备的断电顺序

首先明确设备断电将会使设备退出运行状态,导致本网元业务全部中断,断电顺序如下：

(1) 子架断电，关闭子架电源开关。

(2) 风扇断电，关闭风扇电源开关。

(3) 机柜断电，关闭电源总开关，将本机柜所有子架都断电。

(4) 完成对设备的维护操作后，应关上机柜门，保证设备始终具有良好的防电磁干扰性能。

6) 网管维护的注意事项

(1) 网管系统在正常工作时不应退出，退出网管不会中断业务，但会使网管在关闭后失去对设备的监控能力，破坏对设备监控的连续性。

(2) 定期更改网管口令以保证其安全性。

(3) 不要在业务高峰期使用网管进行业务调配，因为一旦出错，影响会很大，应该选择在业务量最小的时候进行业务的调配。

(4) 严禁电源线带电安装、拆除。电源线在接触导体的瞬间会产生电火花或电弧，可导致火灾或眼睛受伤。在进行电源线的安装、拆除操作之前，必须关掉电源开关。

(5) 及时备份数据，以备发生故障时实现业务的快速恢复。

(6) 不得在网管计算机上玩游戏以及向计算机拷入无关的文件或软件。定期用杀毒软件对网管计算机进行杀毒，防止计算机病毒感染网管系统。

7) 风扇检查和定期清理

良好的散热是保证长期正常运行的关键，在机房的环境不能满足清洁度要求时，风扇下部的防尘很容易堵塞，造成通风不良，严重时可能损坏设备。因此需要定期检查风扇的运行情况和通风情况，保证风扇时刻处于正常运行状态；定期清理风扇的防尘网，每月至少两次。

2. 静电防护

随着我国信息产业的高速发展，信息工程已渗透到邮电通信、广播电视、金融、交通、航空航天、国防、能源、气象、商业、办公自动化等各个领域。在信息工程中静电放电（Electro Static Discharge，ESD）对敏感电子元件的损伤，影响了工程的可靠性，从而给信息工程提出了新的课题——静电防护。

1) 信息工程中静电的危害及故障特点

在信息工程中大规模、超大规模集成电路大量应用于各类整机，如大、中、小型计算机主机及终端设备、程控电话交换设备、移动通信设备、卫星通信设备、数据传输设备、广播发射接收设备、自动控制设备等。因使用的微电子元器件高密度、大容量、小型化和超小型化，对静电特别敏感。静电放电可使敏感器件损坏造成击穿或半击穿、计算机误动作或运算错误、穿孔机穿孔不良、打印机走纸堵塞，还会使交换设备用户板、中继板、控制板出现故障引起通讯杂音或通讯中断。

2) 静电造成的故障特点

(1) 静电故障与环境湿度有关。出现的季节：在南方主要是冬春干燥季节，湿度有时为20%～30%；在西北方地区四季都有可能出现。

(2) 静电引起的故障偶发性多，重复性不强，一般是随机性故障。因此，难于找出其诱发原因。

(3) 静电与设备安装环境、采用的地面材料、终端设备的工作台及工作人员的工作服和鞋有关。

(4) 静电致使计算机误动作时，往往是人体或其他绝缘体与计算机设备接触时发生。

(5) 静电使交换设备出现故障是在清洁检修时由于人体步行带电，用手触摸电路板放电将板损伤。

(6) 静电力学作用使灰尘黏附，污染产品和使用环境，使产品质量下降，设备使用寿命降低。

3) 通信机房静电防护措施

为保护通信设备安全可靠地运行，确立通信机房内的静电防护措施及操作要求，有效地防止静电放电的产生，下面对有静电保护要求的现代通信设备(如程交换机等)机房的设计、管理、维护和使用做一介绍。

4) 静电防护的基本原则

(1) 抑制或减少机房内静电荷的产生，严格控制静电源。

(2) 安全可靠及时地消除机房内产生的静电荷，避免静电荷积累，静电导电材料和静电耗散材料用泄漏法使静电荷在一定的时间内通过一定的路径泄漏到地；绝缘材料用以离子静电消除器为代表的中和法，使物体上积累的静电荷吸引空气中来的异性电荷，从而被中和消除。

(3) 定期(如一周)对防静电设施进行维护和检验。

5) 地面要求

(1) 当采用地板下布线方式时，可铺设防静电活动地板。表面电阻及系统电阻值均为 $1 \times 10^5 \sim 1 \times 10^9 \, \Omega$。

(2) 当采用架空布线方式时，应采用静电耗散材料作为铺垫材料。铺设后地板上表面电阻及任一点与地之间的系统电阻值均为 $1 \times 10^5 \sim 1 \times 10^9 \, \Omega$。

6) 墙壁、顶棚、工作台和椅的要求

(1) 墙壁和顶棚表面应光滑平整，减少积尘，避免眩光。允许采用具有防静电性能的墙纸及防静电涂料。可选用铝合金箔材做表面装饰材料。

(2) 工作台、椅、终端台应是防静电的，台面、椅面静电泄漏的系统电阻及表面电阻值均为 $1 \times 10^5 \sim 1 \times 10^9 \, \Omega$。

7) 静电保护接地要求

(1) 静电保护接地电阻应不大于 $10 \, \Omega$。

(2) 防静电活动地板金属支架、墙壁、顶棚的金属层接在静电地上，整个通信机房形成一个屏蔽罩。通信设备的静电地线、终端操作台地线应分别接到总地线母体汇流排上。

8) 人员和操作要求

(1) 操作者必须进行静电防护培训后才能操作。

(2) 进入通信机房前，应穿好符合要求的防静电服和防静电鞋。不得在机房内直接更衣、梳理。

(3) 设备到现场后，需待机房防静电设施完善后方能开箱验收。

(4) 机架(或印制电路板组件)上套的静电防护罩待机架安装在固定位置连接好静电地线后，方可拆封。

(5) 使用的工具必须是防静电的。

(6) 按要求连接各种地线。

(7) 在机架上插拔印制电路板组件或连接电缆线时，除要严格按照规定执行外还应该戴防静电手腕带。手腕带接地端插入机架上防静电塞孔内，使腕带和皮肤可靠接触。在手腕带接线卡子内串联有限流电阻，保护人身和静电敏感器件的安全。腕带的泄漏电阻值应为 $1 \times 10^5 \sim 1 \times 10^7\,\Omega$。

(8) 备用印制电路板组件和维修的元器件必须在机架上或防静电屏蔽袋内存放。

(9) 需要运回厂家或维护中心的待修印制电路板组件，必须先装入防静电屏蔽袋内，再加上外包装并有防静电标志才能运送。

(10) 机房内的图纸、文件、资料、书籍必须存放在防静电屏蔽袋内。使用时，需远离静电敏感器件。

(11) 外来人员(包括外来参观人员和管理人员)进入机房必须穿防静电服和防静电鞋，在未经允许和不采取进一步防静电措施(如戴防静电腕带)的情况下，不得触摸和插拔印制电路板组件，也不得触摸其他元器件、备板备件等。

(12) 机房内的空气过于干燥时，应使用加湿器或其他办法来满足湿度要求。

9) 其他防静电措施

(1) 必要时要装设离子静电消除器，以消除绝缘材料上的静电和降低机房内的静电电压。

(2) 垫套、手套均应为防静电的。

三、防雷接地

随着科技的发展，电子产品已逐步走入人们的生活，而电子类产品是对雷电的易感物体，它的发生会严重危及到通信设备、计算机网络系统、电力系统的正常运行，因设备损坏不能运行、通讯网络的中断和重要信息的丢失影响生产和工作的正常进行，给生产和生活带来极大的影响。

雷电危害一般分为直击雷、感应雷等，不管是直击雷、感应雷或其他形式的雷，最终都是把雷电流送入大地。因此，没有合理而良好的接地装置是不能可靠地避雷的。接地电阻越小，散流就越快，被雷击物体高电位保持时间就越短，危险性就越小。对于通信场地的接地电阻要求小于等于 $4\,\Omega$，并且采取共用接地的方法将避雷接地、电器安全接地、交流接地、直流接地统一为一个接地装置。如有特殊要求设置独立接地，则应在两地网间用地极保护器连接，这样两地网之间平时是独立的，防止干扰。当雷电流来到时两地网间通过地极保护器瞬间连通，形成等电位连接。

1. 机房防雷措施

由于机房通信和供电电缆多从室外引入机房，易遭受雷电的侵袭，机房的建筑防雷设计尤其重要，而在通常的建筑设计中往往忽视这一点，机房的建筑防雷除应有效地保护建筑自身的安全之外，也应为设备的防雷及工作接地打下良好的基础。机电工程多采用联合接地方式，系统设备接地都是与建筑接地连接在一起的。建筑防雷设计施工完成后应提供准确的系统接地网或接地环带的位置和布设图，避免设备接地网与建筑接地网冲突。由于联合接地的特殊要求，机电工程中禁止直接使用建筑接地线和电源接地线作为系统设备的地线。

2. 接地与屏蔽

(1) 接地：良好的接地是防雷中至关重要的一环。接地电阻值越小，过电压值越低，因此，在经济合理的前提下应尽可能降低接地电阻。通信设备楼应与同一楼内的动力装置共用接地网并尽可能与防雷接地网直接相连。通信机房内应敷设均压带，并围绕机房敷设环行接地母线。在通信综合楼内，需另设接地网的特殊设备，其接地网与大楼主地网之间可通过击穿保险器或放电器连接，以保证正常时隔离，雷击时均衡电位。接地的其他方面均应严格按有关规程办理。

(2) 屏蔽：为减少雷电电磁干扰，通信机房的建筑钢筋、金属地板均应相互焊接，形成等电位法拉第笼。设备对屏蔽有较高要求时，机房六面应敷设金属屏蔽网，将屏蔽网与机房内环行接地母线均匀多点相连。架空电力线由站内终端引下后应更换为屏蔽电缆；室外通信电缆应采用屏蔽电缆，屏蔽层两端要接地；对于既有铠带又有屏蔽层的电缆，在室内应将铠带与屏蔽层同时接地，而在另一端只将屏蔽层接地。电缆进入室内前水平埋地 10 m 以上，埋地深度应大于 0.6 m；非屏蔽电缆应穿镀锌铁管并水平埋地 10 m 以上，铁管两端应接地。若在室外入口端将电力线与铁管间加接压敏电阻，防雷效果会更好。

(3) 为避免雷害，程控交换机室外进出线、Modem 等应装过电压保护器；严格按防雷接地规程办事，应用新技术新装置，采用综合性的防雷措施是确保通信设备进网减少雷害的重要手段。良好的接地与屏蔽并安装过电压保护器可使被保护装置的耐雷水平提高 10 倍以上。

(4) 通信机房的火灾预防。在通信机房里，设备价值昂贵、种类多、功能复杂、高度密集、长时间通电，因其处于通信系统的心脏地位，且电器设备多、通信容量大，一旦发生火灾，不仅会造成人员生命、国家财产损失，而且恢复难度大，甚至还会引起整个通信电路或大片通信回路瘫痪，其经济损失无法估计。

项目五　案例分析与故障处理

任务1　光路故障

【任务要求】

(1) 识记：
- 了解常见 FTTH/O/N 光路上的故障有哪些；
- 了解常见设备故障有硬件故障和数据配置故障。

(2) 领会：
- 能够具有一定的故障判断、定位和处理能力；
- 能够对光路故障做出正确的处理。

【理论知识】

一、FTTH/O/N 常见故障及处理方法

1. 常见 FTTH/O/N 光路上的故障

(1) 尾纤端帽不清洁、尾纤与各接口接触不好或尾纤断；

(2) 光缆弯曲盘绕太小，弯曲半径小，造成的损耗过大；

(3) 法兰对接不好，圆口对接槽未对准、方口没插到位及 ODF 架跳接故障；

(4) 冷接子老化匹配液干，熔接点有气泡或熔接点热束管保护不好；

(5) 分光器质量不行，损耗增大；

(6) 各类光缆有断纤现象。

2. 终端设备故障

常见设备故障有硬件故障和数据配置故障。硬件故障有：ONU 终端常有光模块坏、收光能力差；各接口坏，接触不好；电源模块坏或电源适配器坏；机顶盒主处理芯片坏、电源模块坏或电源适配器坏；OLT 设备板卡坏、PON 接口坏及电源板、主控板坏等。

数据配置故障又分用户端 ONU 故障、机顶盒故障和机房侧 OLT 故障。

(1) OLT 设备上 PON 口数据配置有误或丢失、OLT 上联 BRAS 数据有问题，缺少各 VLAN 或配置有误、组播数据没制作等；

(2) 自动工单系统数据不能正常下发，ITMS 平台数据无法下发等；

(3) 客户端 ONU、机顶盒等数据配置问题。

3. 用户端各类故障

用户端故障主要有用户电脑硬件、软件故障及室内暗线故障。

4. 处理方法

针对各故障现象一一排查，先替换再查找，先局内后用户，先终端后光路。ODN 光缆线路的故障定位流程如图 5-1-1 所示。

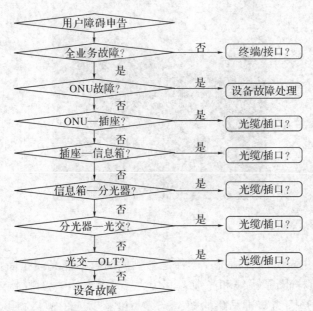

图 5-1-1 ODN 光缆线路的故障定位流程

光缆线路可能产生故障的位置如表 5-1-1 所示。

表 5-1-1 光缆线路可能产生故障的位置表

故障区间	故障位置
OLT—ODF	机房尾纤光缆
ODF—光交接箱	馈线光缆段
光交接箱—分光器	配线光缆段
分光器—用户信息盒	引入光缆段
信息插座—信息盒	皮线光缆段
信息插座—ONU	家庭尾纤光缆段
ONU—终端	五类连接线

二、室外光路故障

1. 施工挖掘

在进行建筑施工、维修地下设备、修路、挖沟等工程时均可产生对光缆的直接威胁，如图 5-1-2 所示。

图 5-1-2　施工挖掘

2. 车辆损伤

架空光缆受害主要有两种情况：一种是车辆撞倒电杆使光缆拉断；另一种是在光缆下面通过的车辆拉(挂)断了吊线和光缆。其中大多是由于吊线、挂钩或电杆的损坏引起光缆下垂，也有的是因为穿过马路的架空光缆高度不够或车辆超高引起的，如图 5-1-3 所示。

图 5-1-3　车辆损伤

3. 火灾

架空光缆和楼内光缆受火灾损坏也很多，其中以光缆路由下方堆积的柴草、杂物等起火导致的线路损坏和架空光缆附近农民焚烧秸秆引发光缆障碍最为常见，如图 5-1-4 所示。

图 5-1-4　火灾

4. 射击

此类故障为架空光缆被高压气枪击中居多，如图 5-1-5 所示。这类障碍一般不会使所有光纤中断，而是部分光缆部位或光纤损坏，但这类障碍查找起来比较困难。

图 5-1-5　射击

5. 洪水

此类故障是由于洪水冲断光缆或光缆长期浸泡水中使光纤进水引起光纤衰减增大，如图 5-1-6 所示。

图 5-1-6　洪水

6. 温度的影响

温度的影响包括温度过低或过高。低温事故中可能是由于接头盒内进水结冰，架空光缆是由于护套冬天纵向收缩，对光纤施加压力产生微弯使衰耗增大。当光缆距暖气管道很近时，管道暖气使光缆护套损坏。如图 5-1-7 所示，因温度过低，光缆上覆盖冰凌较厚，造成光缆所受应力过大而出现故障。

图 5-1-7　温度的影响

7. 电力线的破坏

当高压输电线与光缆或光缆吊线相碰时，强大的高压电流会把光缆烧坏。电力线的破坏如图 5-1-8 所示。

图 5-1-8　电力线的破坏

8. 雷击

当光缆线路上或其附近遭受雷击时，在光缆上容易产生高电压，从而损坏光缆，如图 5-1-9 所示。

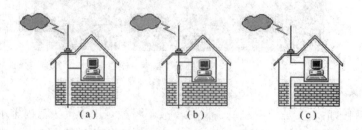

图 5-1-9　雷击

主干光缆故障可分为光缆线缆故障、一级分光器 OBD 故障和 ODF 架跳接故障,其具体内容如下:

(1) 光缆线缆故障包括:光缆断芯、光缆全断或折断、纤芯损耗过大。故障引起的原因有外界施工,拉、挖、扯导致光缆受损,光缆使用时间过长超出其本身使用寿命。

(2) 一级分光器 OBD 故障包括:分光器本身损坏、插片式分光器各端口损坏、盒式分光器进线纤芯故障或出线纤芯故障、进线或出线纤对接法兰故障。故障引起的原因有施工或装移修时力度过大把分光器纤芯弄断弄伤、插片式分光器端口接触不好或没插到位、法兰盘坏或对接不好。

(3) ODF 架跳接故障包括:跳接尾纤盘纤弯度过小、法兰没对接好。故障引起的原因主要是施工时不小心未按规范施工。

根据用户故障申报情况进行分析,如果出现整个小区或大面积故障,肯定是主干光缆故障或主干以上故障,需进行分段测试,一一排查。

三、室内光缆故障

室内光缆线路故障的原因有以下几种。

1. 操作及布线不合规范

技术操作错误是技术人员在维修、安装和其他活动中引起的人为障碍,其中在对光缆的施工布放过程中,由于技术人员不按规范布线引起的障碍占多数。

2. 线路衰减过大

国内运营商普遍采用 PX20 光模块,所以光功率预算分别为 24 dB(上行)和 23.5 dB(下行)。但在实际过程中,如果由于光缆传输距离过大、光缆本身质量问题(衰减系数过大)、活动接口过多、接插不规范等都可能引起线路衰减过大。

3. 插头问题(接触、污染)

光纤接头污染、尾纤受潮是造成光缆通信故障的最主要的原因之一。调研发现 80% 的用户和 98% 的供应商经历过光纤端接面不洁造成的故障。在 EPON 系统中,光纤的插拔、更换、转接都非常频繁。在这样的操作过程中,灰尘的掉落、手指的触碰、插拔的损耗、接触不良等都很容易造成光纤插头故障。插头问题的处理如图 5-1-10 所示。

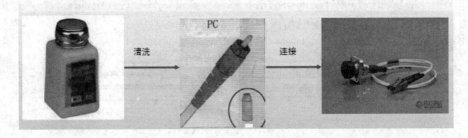

图 5-1-10　插头问题的处理

4. 弯曲过度

光纤具有一定的易弯曲性,尽管可以弯曲,但当光纤弯曲到一定程度时,将引起光的传播途径的改变，使一部分光能渗透到包层中或穿过包层成为辐射模向外泄漏损失掉，产生弯曲损耗。光纤弯曲过度如图 5-1-11 所示。

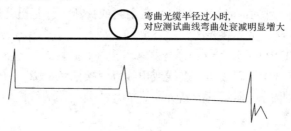

弯曲光缆半径过小时，对应测试曲线弯曲处衰明显增大

图 5-1-11　光纤弯曲过度

5. 光缆受压或断裂

光纤受到压力或者套塑光纤受到温度变化时，光纤轴将产生微小的不规则弯曲甚至断裂，从而导致光能损耗。在光纤断裂处由于折射率发生突变，甚至会形成反射损耗，使光纤的信号质量大打折扣。此时，可以通过 OTDR 测试仪检测发现光纤内部弯曲处或断裂点。

6. 光纤接续不良

不论是热熔还是冷熔技术，由于操作不当以及恶劣的施工环境，很容易造成玻璃纤维的污染，从而导致在接续过程中混入杂质、密度变化甚至产生气泡，最终使整条链路的通信质量下降，如图 5-1-12 所示。

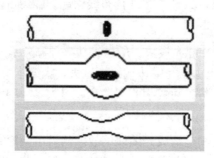

图 5-1-12　光纤接续不良

7. 不同类型的光纤接在一起

如果制作活动连接时光纤端面不清洁、接合不紧密、核心直径不匹配的话，接头损耗就会大大增加。光纤类型不匹配的情况如图 5-1-13 所示。

注意：不要将不同厂家的不同型号的皮线光缆连接。

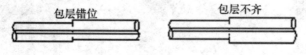

包层错位　　　　　　　包层不齐

图 5-1-13　光纤类型不匹配

8. 光纤冷接操作不良

光纤冷接操作不良有以下几种情况：

(1) 光纤端面制作不良。

(2) 去除光纤涂覆层时长度过长或过短。

(3) 去除光纤涂覆层时伤及光纤。

(4) 接续时光纤没有对准或没有接触。

(5) 光纤没有与接线子夹紧固定。

9. 客户原因造成

由于客户原因造成光缆故障的几种情况如下：

(1) 随意移动皮线光缆，使之扯断或弯曲过度。

(2) 自己非专业地拆装光纤接口，使之受污染或接触不良。

(3) 放置重物在皮线光缆上，使之受力或折断。

(4) 预埋管线不合规范，导致布线不合要求，如图 5-1-14 和图 5-1-15 所示。

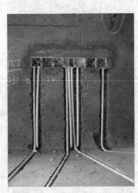

图 5-1-14　预埋管线不合理

图 5-1-15　布线不规范

10. 老鼠啃咬

无论地板下、天花板内还是楼内的光缆，都很容易受鼠害的威胁，造成光缆断纤，如图 5-1-16 所示。

图 5-1-16　老鼠啃咬

四、案例分析

- 案例一：某小区有用户陆续申报故障业务全阻，并且每栋居民楼都有用户申报故障，用户普遍反应是昨晚 22:00 左右出的故障。装维人员联系用户，用户一致反应昨晚 22:00 左右电话宽带及 IPTV 全部用不起，装维人员上门测试，发现用户端无光，楼道分纤箱也无光，测试两个用户都如此。后来发现小区门口有挖土机在施工地下水管，怀疑主干光缆被挖断，到小区光交测试，主干光缆进线都没有光，因此可以断定主干光缆断；分段测试，结果发现光缆被挖断，通过抢修，主干光缆接通后用户业务全部恢复。

• 案例二：某小区 A 栋 1 单元所有用户申报故障，称全业务中断。装维人员上门，发现用户家都没光，楼道分纤箱的二级分光器及进线都无光，在楼道通过配线光缆发光到小区光交，结果发现发光正常配线光缆没有断。测试一级分光器出线纤，结果发现没光，测试此分光器多余备用光，断定分光器出线纤断，更换备纤后用户业务恢复正常，并通知资源中心修改更改的资源，故障修复。

• 案例三：某小区 A 栋 3 单元几个用户与 B 栋 2 单元几个用户业务申报故障，称业务全中断。装维人员上门，发现用户家光信号和光衰耗正常，ONU 指示灯也正常，但电话宽带和 IPTV 全部用不起。分段测试光缆都正常，通过用户逻辑 ID 判断设备连接端口不上，通过一级分光端口判定端口连接错误，通过调纤恢复，故障修复。

• 案例四：某小区所有用户反映，在下午 18:00～22:00 之间业务时好时坏，到晚上 22:10 后业务全部用不起。装维人员上门，发现用户端无光，楼道分纤箱也无光，测试两个用户都如此，后发现小区门口附近光缆有被火烧过的现象，到小区光交测试，主干光缆进线都没有光，可以断定主干光缆断，分段测试，结果发现光缆被火烧断。通过抢修，主干光缆接通后用户业务全部恢复。

任务 2　局端设备故障

【任务要求】

(1) 识记：
• 了解 OLT 设备上的数据故障有哪些；
• 了解常见设备故障有硬件故障和数据配置故障。
(2) 领会：
• 能够具有一定的故障判断、定位和处理能力；
• 能够对光路故障做出正确的处理。

【理论知识】

一、OLT 数据配置故障

OLT 数据配置故障及解决办法有以下几种情况：
(1) 数据规划不到位，部分数据未添加，需及时检查与添加。
(2) 数据配置问题。

故障现象一：宽带拨不起号，报"678"错误代码。

原因分析：

① OLT VLAN 未添加至上联口；

② VLAN 模式与 BRAS 配置不一致(两边是否都是双层 QINQ VLAN)；

③ 自动下发指令未成功；

④ 交换机 VLAN 上下行端口未透传，或者交换机端口透传模式不对(tag 和 untag)；

⑤ 中兴交换机端口 qinq 模式为 customer，业务 VLAN 未添加至 session 里。

故障现象二：IPTV 能看点播不能看直播。

原因分析：

① 接错端口，插到上网端口；

② BRAS 子接口下未配置组播复制；

③ 部分 DSLAM 开启了 IGMP proxy。

二、OLT 板卡故障

1. 硬件故障

硬件故障的主要原因有板卡本身质量问题、板卡老化、板卡烧坏、板卡插口故障、PON 故障。解决办法为直接更换新板卡。

2. 软件故障

软件故障的主要原因为版本不兼容或版本太低，其解决办法为版本升级。

任务 3 用户端设备故障

【任务要求】

(1) 识记：

· 了解常见终端设备上的故障有哪些；

· 了解常见设备故障有硬件故障和数据配置故障。

(2) 领会：

· 能够具有一定的故障判断、定位和处理能力；

· 能够对光路故障做出正确的处理。

【理论知识】

一、普通 ONU 光猫类故障

1. 华为终端故障

· 案例：无法正常注册个别区域的中兴 C220，无法注册华为、贝尔的终端，更换中兴的终端后可以正常使用。

问题原因：现场测试后发现是硬件版本为 V0.7 的 EPFCB 板使用海信光模块时存在问题。

解决方法：更换成其他厂家的光模块。

2. 中兴终端故障

· 案例：无法拨打某些号码。

(1) 中兴 E8-C 终端 SIP 电话拨打 043266263055 号码不通。

(2) 上海贝尔 E8-C 终端 SIP 电话拨打 187、188 号段电话不通。

问题原因：① 跟踪信令发现终端只上报 11 位数字，最后一个 5 没送出来，检查终端数图发现 04 匹配规则缺少一位。② 检查终端数图发现 SIP 数图配置里缺少 187、188 号段的匹配字段。

解决方法：修改终端数图配置。

3. 烽火终端故障

· 案例：语音业务挂死。

烽火 ONU HG220 的用户如果长期待机，在不产生上网流量情况下，大约 20 分钟左右 SIP 电话就打不了了，查看状态是未注册，这时需要用户电脑 ping 一下外网网站，或多刷新几次页面或者偶尔需要重启 ONU 语音业务才能恢复正常。

处理过程：出现故障时，查看 SIP 电话注册状态是未注册，但是能 DHCP 获取到语音业务地址，且能 Ping 通 B200 地址，说明网络连接是正常的。重启 ONU 后再观察 20 分钟故障重现，此时发现获取到的语音业务地址改变了，说明 DHCP 客户端(烽火 HG220)与 DHCP 服务器端(E320)做了某种交互。分别在 HG220 侧和 E320 侧抓包，发现 E320 每隔 20 分钟就会主动做释放 ONU DHCP 地址的动作，HG220 是被动响应的，查看 E320 上的数据配置，默认语音业务的 DHCP 配置为

    profile "E8-RG-dhcp"

    ip virtual-router "MPLS-VPN:GXNN-ITMS-MGMT"

    ip unnumbered loopback 0

    ip inactivity-timer 20 //表示若 20 分钟后收不到终端发来的数据包就释放终端的 IP，故障表现为 ONU 20 分钟后 IP 自动变化，SIP 电话号码需重新在 BAC 注册，在这个过程中电话业务中断。修改配置，把 ip inactivity-timer 20 这条命令去掉，故障消失，问题解决。

解决方法：修改上层设备数据。

4. 贝尔终端故障

· 案例一：语音自动去注册。

上海贝尔 E8-C 终端 SIP 电话注册 2 天后自动去注册，电话打不通。

问题原因：初步判断是终端问题，让邕宁电信寄问题终端上来，在技服数据实验室进行测试。发现上海贝尔的 E8-C 终端 VOIP 语音业务的服务模式设置成 TR069_VOIP 和 VOIP，SIP 电话注册表现不一样，前者表现就是邕宁反馈的问题，后者表现正常，观察 3 天也未出现故障，推断是该软件版本下的 RG200A-AA 问题。

解决方法：终端升级。

· 案例二：IE 浏览器不断弹出注册界面。

贝尔 RG2000-CA 终端手工配置完后，打开 IE 浏览器会自动弹出终端注册页面，无法访问其他网页，导致上网业务不能正常使用。

问题原因：这批 RG2000-CA 是按照集团终端管理 V3.0 规范生产的，V3.0 明确规范终端在平台未注册状态下，会自动弹出身份证不存在的页面提示；在下发工单初始状态或者下发工单失败的情况下，会自动弹出注册成功或下发业务失败的页面提示，这两种情况下，终端都无法访问其他网页。

终端能否正常打开网页，取决于终端上 userinfo.state 和 userinfo.result 的数值，当 userinfo.state = 0、userinfo.result = 1 时才正常，而页面提示身份证不存在(userinfo.state = 1)以及页面提示注册成功或下发业务失败(userinfo.state = 0，userinfo.result = 2)都不正常。

自动开通零配置流程使用的是 V2.0，不能支持 V3.0 终端的工单自动开通，导致这批贝尔终端不能正常与 ITMS 注册认证，不能下发业务。ITMS 平台未支持 V3.0 工单自动开通阶段，针对贝尔 RG2000-CA 终端需要维护人员通过 ITMS 平台修改终端上 userinfo.state、userinfo.result 的数值。

解决方法：升级 ITMS 系统以支持 V3.0 工单的自动开通，同时兼容 V2.0。

- 案例三：无法进行 MAC 地址认证。

中兴 OLT 型号 C220 下带贝尔 ONU 型号 RG2000-AA 无法注册，描述现象为连接 ONU 之后终端 PON 灯闪烁不定，导致终端无法上报 MAC 地址，OLT 无法对 ONU 进行 MAC 地址认证。

问题原因：OLT 发光 5 dBm，经过一级、二级分光以后外线安装员工用光功率计测收光为 –19 dBm(在标准值 –24 dBm 范围内)，排除线路问题。初步定位终端或者 OLT 问题，查看贝尔 RG2000-AA 软件版本为通过技服测试互通版本，排除终端问题。查看 OLT 硬件配置和软件版本，都为通过技服测试互通版本。查看 OLT 配置，发现中兴 C220 上少配置了一条命令。

epon soft-ware authentication mode 0/3 hybrid unknown-onu-reject disable 命令的作用是配置 0/3PON 口为混合认证模式，既支持 MAC 认证也支持 LOID 认证，unknown-onu-reject disable 表示关掉未识别厂家 ONU 的拒绝功能，这是允许不同厂家 ONU 注册的前提。补充后，经电信维护工程师确认，中兴 OLT C220 上可以看到 ONU 上报的 MAC、LOID 及其他信息。贝尔 ONU RG2000 能正常注册上中兴 OLT C220 且宽带上网，SIP 电话业务正常，IPTV 业务没有实际客户安装，所以没能验证，故障解决。

解决方法：修改数据配置。

- 案例四：无法保存配置。

经常出现终端数据自动丢失或断电后数据丢失，导致终端接收不到光信号，需重新设置数据后才可以继续使用。

问题原因：选了 4 台标有"数据丢失"的设备进行复现该问题，反复断电重启，反复断纤，没有复现所谓的"数据丢失"问题，后来从报该故障的电信工作人员得知，所谓的"数据丢失"是指终端使用一段时间后，注册不上 olt，在 olt 上也发现不了该终端，但是设备里面的数据都在，没有出现丢失。初步怀疑该终端使用时间长了以后，光模块的灵敏度降低，而该终端的实际环境中的光信号强度偏低，正处于临界值左右，一旦设备里的光模块达不到所需的光信号强度，便会工作不正常。

解决方法：更换终端。

· 案例五：设备吊死。

出现上网突然掉线，需重启终端后才可以上网的现象。

问题原因：重启终端即恢复正常，触摸终端感到非常热，初步怀疑终端放置的环境不通风，导致芯片温度过高造成死机。

解决方法：将终端放到阴凉干燥通风的地方。

二、E8-C 类故障(以中国电信终端设备为例)

(1) E8-C 终端可 Ping 通 ITMS 地址，ITMS 下发业务数据至 E8C 终端超时，可多试几次重新录入 SN 码注册，或者在 ITMS 平台上对 E8C 终端进行重置。

(2) E8-C 终端光信号灯熄灭，但"网络 E"灯闪，无法同步，OLT 上数据配置错误或者上联口错误，请网管检查配置。

(3) E8-C 终端"网络 E"灯常亮，但 vlan46 无法获取 10 网段的 IP 地址，请网管检查 olt 和 BRAS 上的 ITMS 通道配置。操作界面截图如图 5-3-1 所示。

图 5-3-1　网络侧信息界面截图

(4) E8-C 终端能获取 10 网段 IP 地址，但是 ITMS 业务无法下发，请网管检查 BRAS 与 ITMS 平台是否通畅。操作界面截图如图 5-3-2 所示。

服务	VLAN ID	802.1p	接口	协议	QoS	State	状态	IP地址	子网掩码	网关	首选DNS
1_TR069_VOIP_R_VID_46	46	0	eth0.46	DHCP	禁用	Enabled	Up	10.250.44.217	255.255.254.0	10.250.44.1	192.168.200.1
2_INTERNET_B_NVID	Disabled		eth0		禁用	Enabled	Up				
3_OTHER_B_VID_45	45	0	eth0.45		禁用	Enabled	Up				

图 5-3-2　网络状态界面截图

现场也可以使用"诊断"功能，检查终端到 ITMS 平台间的通路状况。可以 Ping 192.168.200.1 和 192.168.100.9 两个网址，如果可通则表示 ITMS 通道正常。操作界面截图如图 5-3-3 所示。

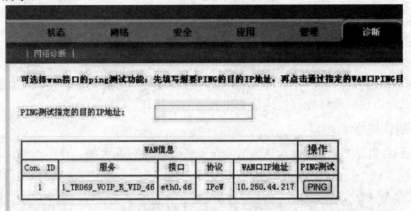

图 5-3-3　网络诊断界面截图

(5) E8-C 终端能获取 10 网段的 IP 地址，ITMS 业务可以下发，但是语音业务无法注册。请网管检查 BRAS 与 BAC 平台是否通畅，检查 E8C 和软交换上的 SIP 账号是否相同。现场也可以使用"诊断"功能检查到 BAC 是否通畅，BAC 的 IP 为 119.145.233.230 或 119.145.233.229。如图 5-3-4 所示操作界面截图表示终端到 BAC 是可用的。

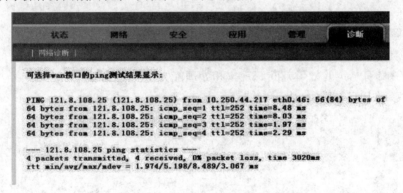

图 5-3-4　诊断测试结果界面截图

三、机顶盒故障

1. 无视频输出

无视频输出的解决方法为按下机顶盒开机按钮，如果机顶盒电源指示灯不亮，请检查是否是接的 220V 的交流电源。如果不能看到机顶盒的启动页面，请检查视频线是否连接。对于有多个 AV 输入的电视机，检查当前是否切换到正确的 AV 端口。如是采用色差分量、S-VIDEO、HDMI 等方式连接的，也可用以上方法进行判断。

2. 视频输出为黑白图像

视频输出为黑白图像的原因为视频线未插牢，有松动、接触不良或过长的现象。有条件的话可更换 AV 线或更换电视机进行测试。电视机的制式与机顶盒中的制式不一致，中国采用的是 PAL 制式，但有的老电视机和从国外带回国的电视机 AV 频道默认设置为 NTSC 制式。可使用专用机顶盒配置工具对机顶盒的视频输出制式进行修改或者在用户指导下将制式改成 PAL。

3. 其他输出异常故障处理

对于开机后系统载入失败或一直显示升级信息等异常现象，一般都是机顶盒故障，可通过更换机顶盒解决。但不要忽视因宽带接入设备或线路存在问题，使机顶盒升级文件下载安装时出现错误，最终导致机顶盒工作异常的问题。

4. 开机认证故障

开机认证故障大致分为接入认证故障与业务认证故障两大类。

任务 4   IPTV 故障

【任务要求】

(1) 识记：
- 了解常见 IPTV 上的故障有哪些；
- 了解常见设备故障有硬件故障和数据配置故障。

(2) 领会：
- 能够具有一定的故障判断、定位和处理能力；
- 能够对 IPTV 故障做出正确的处理方法。

【理论知识】

一、常见故障

1. 频道卡、点播不卡

切入点：频道节目是组播或单播方式，使用 UDP 协议承载，具备丢包重传和 FEC 前向纠错机制。

2. 点播卡、频道不卡

切入点：点播节目是单播方式，使用 UDP 协议承载，具备丢包重传和 FEC 前向纠错机制。

3. 部分频道黑屏

切入点：频道节目使用组播方式实现。

4. 所有频道黑屏

切入点：频道节目丢包严重时机顶盒解码失败，产生黑屏。

二、可能的故障原因

可能的故障原因如下：

(1) IPTV 平台：节目片源质量差、服务器负荷高。

(2) SR：组播源注册失败、接受者注册失败。

(3) BRAS：PIM 路由配置错误、用户子接口组播配置错误。

(4) 汇聚交换机：上行中继链路拥塞。

(5) DSLAM：上行中继链路拥塞、ADSL 链路衰减大。

(6) 链路丢包：包括 IPTV 平台、NE5000E、BRAS、汇聚交换机和 DSLAM。

现象一：频道卡

(1) 机顶盒使用无线接入，如图 5-4-1 所示。

确认方法：使用网线连接机顶盒确认频道是否还卡，如不卡，则原因是无线信号衰耗大。

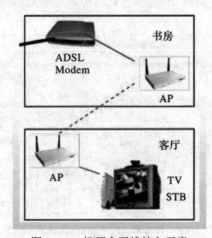

图 5-4-1　机顶盒无线接入示意

(2) ADSL 线路质量差，如图 5-4-2 所示。查查用户 ADSL 线路的质量，关注五个参数：

① 上行实际速率必须大于 200 kb/s。

② 下行实际速率必须大于 3000 kb/s。

③ 上行噪声容限必须大于 10 dB。

④ 下行噪声容限必须大于 10 dB。

⑤ 没有 CRC 无码。

确认方法：如果上述五个条件有一个不满足，则原因是 ADSL 线路质量差。

图 5-4-2　ADSL 线路质量故障示意

(3) ADSL 端口限速错误，如图 5-4-3 所示。

确认方法：查看 ADSL 端口的模板限速，如果下行模板速率小于 2000 kb/s，则原因是 ADSL 端口限速错误。

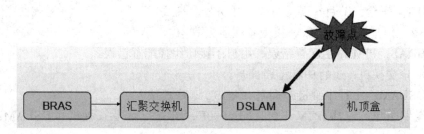

图 5-4-3　ADSL 端口限速错误示意

(4) DSLAM 上行中继链路拥塞，如图 5-4-4 所示。

确认方法：查看该 DSLAM 的上行带宽占用率是否超过 80%，如已超过，则原因是 DSLAM 上行中继链路拥塞。

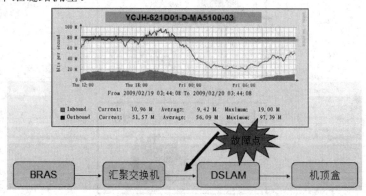

图 5-4-4　DSLM 上行中继链路拥塞示意图

(5) 汇聚交换机上行中继链路拥塞，如图 5-4-5 所示。

确认方法：查看该汇聚交换机的上行带宽占用率是否超过 80%，如果已超过，则是汇聚交换机上行中继链路拥塞。

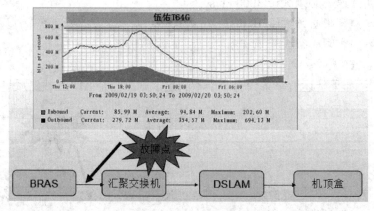

图 5-4-5　汇聚交换机上行中继链路拥塞示意图

(6) BRAS 设备性能不足，如图 5-4-6 所示。

确认方法：查看单个板卡所有端口的下行流量总和是否超过，如果已超过，则原因是BRAS 设备性能不足。

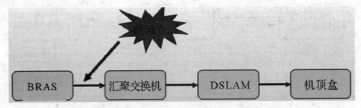

图 5-4-6　BRAS 设备性能不足示意图

(7) BRAS 设备上行链路有 CRC，如图 5-4-7 所示。

确认方法：使用"远程抓包工具"调试收看同一频道的多个用户的"ERROR"选项，查看丢包的序号是否一致，如果一致，使用时移回看功能，如果回看不卡或不是刚才的地方卡，则原因是 BRAS 设备上行链路有 CRC。

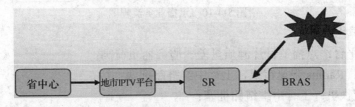

图 5-4-7　BRAS 设备上行链路有 CRC 示意图

(8) IPTV 平台服务器负荷大，如图 5-4-8 所示。

确认方法：使用"远程抓包工具"调试收看同一频道的多个用户的"ERROR"选项，查看丢包的序号是否一致，如果一致，使用时移回看功能，如果回看时就是在刚才的地方卡，则原因是 IPTV 平台服务器负荷大或频道节目片源质量差。

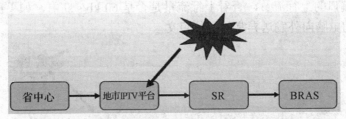

图 5-4-8　IPTV 平台服务器负荷大示意图

(9) 频道节目片源质量差，如图 5-4-9 所示。

确认方法：使用"远程抓包工具"调试收看同一频道的多个用户的"ERROR"选项，查看丢包的序号是否一致，如果一致，使用时移回看功能，如果回看时就是在刚才的地方卡，则原因是 IPTV 平台服务器负荷大或频道节目片源质量差。

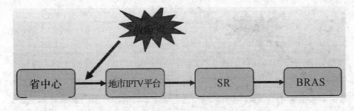

图 5-4-9　频道节目片源质量差示意图

现象二：点播卡

点播业务流程如图 5-4-10 所示。

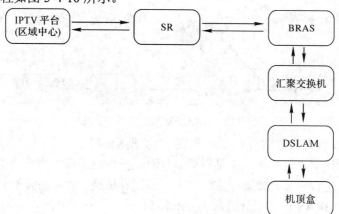

图 5-4-10　点播业务流程图

可能的故障点有：

(1) IPTV 平台：点播节目片源质量差、服务器负荷高；

(2) BRAS：Radius 限速错误，上行中继链路拥塞；

(3) 汇聚交换机：上行中继链路拥塞；

(4) DSLAM：上行中继链路拥塞、ADSL 端口上行通道拥塞、ADSL 链路衰减大；

(5) 链路丢包：包括 IPTV 平台、NE5000E、BRAS、汇聚交换机和 DSLAM。

可能的原因如下：

(1) ADSL 上行通道拥塞，如图 5-4-11 所示。

确认方法：用户只使用 IPTV 点播时(没有在上网、下载等)登录 DSLAM 设备，检查该用户 ADSL 端口的上行流量，查看上行流量是否是 60 kb/s 左右，如果已超过 80 kb/s，则原因是用户的电脑向外发送异常的上行报文。

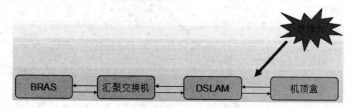

图 5-4-11　ADSL 上行通道拥塞示意图

(2) Radius 中限速错误，如图 5-4-12 所示。

确认方法：在 BRAS 设备上检查该 VOD 域账号的限速，查看该账号的限速是否为 4 Mb/s，如果限速不足 4 M，则原因是 Radius 中限速错误。

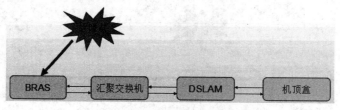

图 5-4-12　Radius 中限速错误示意图

(3) IPTV 平台服务器负荷大，如图 5-4-13 所示。

确认方法：使用"远程抓包工具"调试收看同一点播节目的多个用户的"RTSP"选项，重复点播同一个节目，看机顶盒到不同服务器服务是否都卡，如果到别的服务器不卡，则原因是 IPTV 平台服务器负荷大。

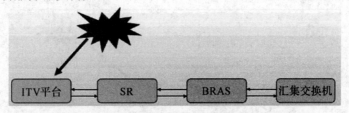

图 5-4-13　IPTV 平台服务器负荷大示意图

(4) 点播节目片源质量差，如图 5-4-14 所示。

确认方法：使用"远程抓包工具"调试收看同一点播节目的多个用户的"RTSP"选项，重复点播同一个节目，看机顶盒到不同服务器服务是否都卡，如果到别的服务器还卡，则原因是片源质量差。

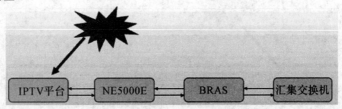

图 5-4-14　点播节目片源质量差示意图

现象三：部分频道黑屏

(1) BRAS 或 SR 设备 PIM 配置错误，如图 5-4-15 所示。

确定方法：在 BRAS 上查看 PIM 路由表，如果组播地址从多个上行端口下来，则可能是 BRAS 或 SR 设备 PIM 配置错误。

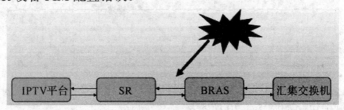

图 5-4-15　BRAS 或 SR 设备 PIM 配置错误示意图

(2) 片源严重丢包，如图 5-4-16 所示。

确认方法：使用"远程抓包工具"调试收看故障频道用户的"ERROR"选项，如果有很多丢包，则原因是片源严重丢包。

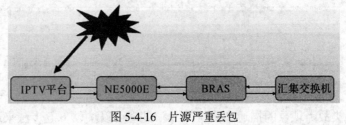

图 5-4-16　片源严重丢包

现象四：所有频道黑屏

(1) MA5600 未关闭 IGMP Proxy 功能，如图 5-4-17 所示。

确认方法：如果用户接入的是 MA5600 设备，登录该设备，关闭 IGMP Proxy 功能，确认用户是否已能够看到频道节目。

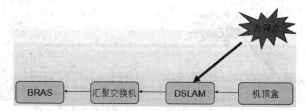

图 5-4-17　MA5600 未关闭 IGMP Proxy 功能示意图

(2) 用户网络不支持组播，如图 5-4-18 所示。

确认方法：当用户网络不支持组播时，比如 BRAS 的用户子接口未做组播配置等时，会出现所有频道黑屏的故障。

图 5-4-18　用户网络不支持组播示意图

(3) IPTV 平台向 NE5000E 的节目源注册失败，如图 5-4-19 所示。

确认方法：在 BRAS 设备上查看 PIM 路由表，查看是否存在 PIM 路由，如果没有，则原因是 IPTV 平台向 NE5000E 的节目源注册失败。

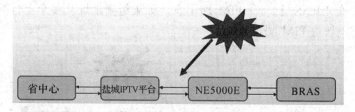

图 5-4-19　IPTV 平台向 NE5000E 的节目源注册失败示意图

(4) 片源严重丢包，如图 5-4-20 所示。

确认方法：使用"远程抓包工具"调试收看故障频道用户的"ERROR"选项，如果有很多丢包，则原因是片源严重丢包。

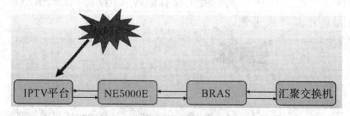

图 5-4-20　片源严重丢包示意图

通过上述各类故障现象的描述和确认，故障处理可以按以下五步法来进行：

第一步：线路质量要达标

检查线路质量可参考以下案例：

· 案例一

故障现象：单个用户频道卡；

故障原因：下行实际速率 1782 kb/s。

· 案例二

故障现象：单个用户所有频道黑屏，点播卡；

故障原因：下行实际速率 736 kb/s。

第二步：现场账号来测速

使用 VOD 域账号测速：到现场在电脑上进行 VOD 域测速，确认是否达到 IPTV 业务所需的带宽(4 Mb/s)，可参考以下案例。

· 案例一

故障现象：单个用户频道很卡，线路达标；

故障原因：用户接入的 MA5600 设备上有 PVC 限速，VOD 域测速只有 500 kb/s。

· 案例二

故障现象：单个用户频道不卡，点播卡；

故障原因：Radius 系统中用户 VOD 域账号限速为 1 Mb/s，VOD 域测速只有 900 kb/s。

第三步：现场抓包最真切

使用如图 5-4-21 所示的结构进行抓包，可参考以下案例。

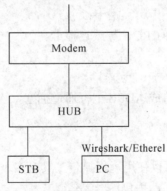

图 5-4-21 抓包示意图

· 案例一

故障现象：很多用户频道不卡、点播卡；

故障原因：IPTV 平台片源质量差。

· 案例二

故障现象：部分用户点播不卡、频道卡；

故障原因：BRAS 有缺陷，机顶盒切换频道时有两路视频流流向用户，造成用户端口拥塞。

第四步：点播故障定位法

点播故障定位法如图 5-4-22 所示。

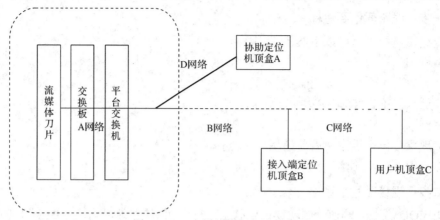

图 5-4-22　点播故障定位法示意图

说明：

图 5-4-22 中，细实线条表示网络 A，为公用网络；虚线条表示网络 B，连接接入端定位机顶盒，协助定位故障；点画线条表示网络 C，连接故障机顶盒，进行故障定位；粗实线条表示网络 D，连接协助定位机顶盒，协助定位故障。

可参考以下案例：

•案例一

故障现象：很多用户频道不卡、点播卡；

故障原因：IPTV 平台的流媒体服务器负荷过大。

•案例二

故障现象：部分用户频道不卡、点播卡；

故障原因：BRAS 上行口有 CRC，导致点播卡。

•案例三

故障现象：单个用户频道不卡、点播卡；

故障原因：用户电脑下载造成 ADSL 上行通道拥塞，引起点播卡。

第五步：频道故障定位法

(1) 频道故障范围广。

频道卡部分是集体性的，可以使用远程抓包工具对多个收看故障频道的用户进行远程观察，分析这些用户的丢包时间、丢包序号等信息。

(2) 多个用户丢包序号一致。

回看卡时，原因为节目源问题；回看不卡时，原因为 BRAS 的组播接收端口有 CRC 误码；多个用户丢包序号不一致时，原因为 BRAS 以下的网络故障。

可参考以下案例。

•案例一

故障现象：很多用户点播不卡、频道卡；

故障原因：组播频道节目源丢包。

•案例二

故障现象：部分用户点播不卡、频道卡；

故障原因：BRAS 的组播接收端口有 CRC 误码。

· 案例三

故障现象：部分用户点播不卡、频道卡；

故障原因：一级汇聚交换机上行接口有 CRC 误码。

◇◇◇◇ **实 践 项 目** ◇◇◇◇

试题 1　ADSL 故障——电话故障

1. 任务描述

用户申报：用户使用 ADSL 业务承载电话，电话只能打出不能打进，试分析故障原因并使用正确的仪表进行排查。

2. 任务要求

(1) 根据用户申报，准备排障工具、仪器仪表及材料；

(2) 熟练使用各种工具及仪器仪表；

(3) 排障流程及方法正确；

(4) 有良好的职业规范；

(5) 有较高的安全操作意识。

3. 实施条件

项目	基本实施条件	备注
场地	通信网络构架健全，室外线路及设备敷设与安装齐全有效，室内场景尽量与实际结合，分线设备距用户距离不超过 150 m。综合布线实训室一间，工位 10 个	必备
设备	局端 DSLM 设备等，室外一体化机柜或交接箱，上联光路的分光器箱 10 个，电脑 10 台，Modem 10 个，ONU 10 个，IPTV 机顶盒 10 个	必备
仪表	查线机、寻线仪、ADSL 测试仪等，红光仪、激光光源、PON 专用光功率计等	必备
工具	跳线枪、斜口钳、尖嘴钳、起子、楼梯、脚扣、综合布线工具包、光纤切割刀、米勒钳、酒精泵、人字梯等各 11 套	必备(已考虑备用)
材料	跳线、分离器、末端线缆(电话皮线、超五类线)、自承式皮线光缆 100 m、蝶形引入光缆 100 m、塑料线槽板 50 m、卡钉扣 10 盒、光纤终端盒(86 盒)12 个、光纤跳线 12 根(0.5 m)、橡胶封堵泥 1 袋、SC 快速连接头各 30 个(包括直通式和预埋式)、无纺布 10 袋、RJ11 水晶头 1 袋，RJ45 水晶头 1 袋	必备(已考虑备用)

4. 考核时间

考试时间：120 分钟。

5. 评价标准

评价内容		配分	考 核 点	扣 分	备 注
职业素养与操作规范(20 分)		5	做好安装前的工作准备：画出布线路由简图，进行仪器仪表、工具、器件的清点，并摆放整齐，必须穿戴劳动防护用品和工作服	路由简图绘制不正确，仪器仪表、工具、器材不齐，未穿戴劳动防护用品和工作服扣 1 分/项	出现明显失误造成器材或仪表、设备损坏等安全事故；严重违反考场纪律，造成恶劣影响的，本大项记 0 分
		10	采用合理的方法，正确选择并使用工具、器材	工具选择和使用不正确扣 3 分/件	
		5	1. 具有良好的职业操守、做到安全文明生产，有环保意识 2. 保持操作场地的文明整洁 3. 任务完成后，整齐摆放工具及凳子、整理工作台面等并符合要求	工位整理不到位扣 2 分	
作品(80 分)	故障现象描述	10	通过现场检测，正确描述故障现象	未进行现场检测，扣 5 分；故障现象描述不正确扣 5 分	
	故障现象分析	20	对故障现象进行全面分析，判断故障原因	故障现象分析不合理扣 5~10 分；故障原因判断不正确扣 5~10 分	
	仪器仪表的使用	20	正确选择所需仪器仪表，正确使用相关仪器仪表完成检测	仪器仪表选择不正确扣 5 分/项；仪器仪表使用不正确扣 5 分/项	
	故障点的判断	10	通过检测，准确判断故障点的具体位置及原因	故障点判断不正确扣 5 分；故障原因说明不清晰扣 3~5 分	
	故障的恢复	10	按照规范流程完成故障点的排查及恢复	故障恢复流程不到位扣 3~10 分	
	结果输出	10	根据步骤和操作结果，写出任务操作报告	报告不完整扣 5~10 分	

6. 结果报告

记录故障处理过程如下：

故障现象描述	
故障原因分析	
故障排查过程	
故障排查结果	
任务总结	

试题2　ADSL故障——电话和宽带不能同时使用故障

1. 任务描述

用户申报：用户使用ADSL业务承载电话，电话和宽带不能同时使用，试分析故障原因并使用正确的仪表进行排查。

2. 任务要求

(1) 根据用户申报，准备排障工具、仪器仪表及材料；

(2) 熟练使用各种工具及仪器仪表；

(3) 排障流程及方法正确；

(4) 有良好的职业规范；

(5) 有较高的安全操作意识。

3. 实施条件

项目	基本实施条件	备注
场地	通信网络构架健全，室外线路及设备敷设与安装齐全有效，室内场景尽量与实际结合，分线设备距用户距离不超过150 m。综合布线实训室一间，工位10个	必备
设备	局端DSLM设备等，室外一体化机柜或交接箱，上联光路的分光器箱10个，电脑10台，Modem 10个，ONU 10个，IPTV机顶盒10个	必备
仪表	查线机、寻线仪、ADSL测试仪等，红光仪、激光光源、PON专用光功率计等	必备
工具	跳线枪、斜口钳、尖嘴钳、起子、楼梯、脚扣、综合布线工具包、光纤切割刀、米勒钳、酒精泵、人字梯等各11套	必备 (已考虑备用)
材料	跳线、分离器、末端线缆(电话皮线、超五类线)、自承式皮线光缆100 m、蝶形引入光缆100 m，塑料线槽板50 m、卡钉扣10盒、光纤终端盒(86盒)12个、光纤跳线12根(0.5 m)、橡胶封堵泥1袋、SC快速连接头各30个(包括直通式和预埋式)、无纺布10袋、RJ11水晶头1袋、RJ45水晶头1袋	必备 (已考虑备用)

4. 考核时间

考试时间：120 分钟。

5. 评价标准

评价内容		配分	考 核 点	扣 分	备 注
职业素养与操作规范 (20 分)		5	做好安装前的工作准备：画出布线路由简图、进行仪器仪表、工具、器件的清点，并摆放整齐，必须穿戴劳动防护用品和工作服	路由简图绘制不正确，仪器仪表、工具、器材不齐，未穿戴劳动防护用品和工作服扣 1 分/项	出现明显失误造成器材或仪表、设备损坏等安全事故；严重违反考场纪律,造成恶劣影响的，本大项记 0 分
		10	采用合理的方法，正确选择并使用工具、器材	工具选择和使用不正确扣 3 分/件	
		5	1. 具有良好的职业操守、做到安全文明生产，有环保意识 2. 保持操作场地的文明整洁 3. 任务完成后，整齐摆放工具及凳子、整理工作台面等并符合要求	工位整理不到位扣 2 分	
作品 (80 分)	故障现象描述	10	通过现场检测，正确描述故障现象	未进行现场检测，扣 5 分；故障现象描述不正确扣 5 分	
	故障现象分析	20	对故障现象进行全面分析，判断故障原因	故障现象分析不合理扣 5~10 分；故障原因判断不正确扣 5~10 分	
	仪器仪表的使用	20	正确选择所需仪器仪表，正确使用相关仪器仪表完成检测	仪器仪表选择不正确扣 5 分/项；仪器仪表使用不正确扣 5 分/项	
	故障点的判断	10	通过检测，准确判断故障点的具体位置及原因	故障点判断不正确扣 5 分；故障原因说明不清晰扣 3~5 分	
	故障的恢复	10	按照规范流程完成故障点的排查及恢复	故障恢复流程不到位扣 3~10 分	
	结果输出	10	根据步骤和操作结果，写出任务操作报告	报告不完整扣 5~10 分	

6. 结果报告

记录故障处理过程如下：

故障现象描述	
故障原因分析	
故障排查过程	
故障排查结果	
任务总结	

试题 3　ADSL 故障——宽带频繁掉线故障

1. 任务描述

用户申报：用户使用 ADSL 宽带业务，宽带频繁掉线，试分析故障原因并使用正确的仪表进行排查。

2. 任务要求

(1) 根据用户申报，准备排障工具、仪器仪表及材料；

(2) 熟练使用各种工具及仪器仪表；

(3) 排障流程及方法正确；

(4) 有良好的职业规范；

(5) 有较高的安全操作意识。

3. 实施条件

项目	基本实施条件	备　注
场地	通信网络构架健全，室外线路及设备敷设与安装齐全有效，室内场景尽量与实际结合，分线设备距用户距离不超过 150 m。综合布线实训室一间，工位 10 个	必备
设备	局端 DSLM 设备等，室外一体化机柜或交接箱，上联光路的分光器箱 10 个，电脑 10 台，Modem 10 个，ONU 10 个，IPTV 机顶盒 10 个	必备
仪表	查线机、寻线仪、ADSL 测试仪等，红光仪、激光光源、PON 专用光功率计等	必备
工具	跳线枪、斜口钳、尖嘴钳、起子、楼梯、脚扣、综合布线工具包、光纤切割刀、米勒钳、酒精泵、人字梯等各 11 套	必备(已考虑备用)
材料	跳线、分离器、末端线缆(电话皮线、超五类线)、自承式皮线光缆 100 m、蝶形引入光缆 100 m，塑料线槽板 50 m、卡钉扣 10 盒、光纤终端盒(86 盒)12 个、光纤跳线 12 根(0.5 m)、橡胶封堵泥 1 袋、SC 快速连接头各 30 个(包括直通式和预埋式)、无纺布 10 袋、RJ11 水晶头 1 袋、RJ45 水晶头 1 袋	必备(已考虑备用)

4. 考核时间

考试时间：120 分钟。

5. 评价标准

评价内容		配分	考 核 点	扣 分	备 注
职业素养与操作规范 (20 分)		5	做好安装前的工作准备：画出布线路由简图，进行仪器仪表、工具、器件的清点，并摆放整齐，必须穿戴劳动防护用品和工作服	路由简图绘制不正确，仪器仪表、工具、器材不齐，未穿戴劳动防护用品和工作服扣 1 分/项	出现明显失误造成器材或仪表、设备损坏等安全事故；严重违反考场纪律，造成恶劣影响的，本大项记 0 分
		10	采用合理的方法，正确选择并使用工具、器材	工具选择和使用不正确扣 3 分/件	
		5	1. 具有良好的职业操守、做到安全文明生产，有环保意识 2. 保持操作场地的文明整洁 3. 任务完成后，整齐摆放工具及凳子、整理工作台面等并符合要求	工位整理不到位扣 2 分	
作品 (80 分)	故障现象描述	10	通过现场检测，正确描述故障现象	未进行现场检测，扣 5 分；故障现象描述不正确扣 5 分	
	故障现象分析	20	对故障现象进行全面分析，判断故障原因	故障现象分析不合理扣 5~10 分；故障原因判断不正确扣 5~10 分	
	仪器仪表的使用	20	正确选择所需仪器仪表，正确使用相关仪器仪表完成检测	仪器仪表选择不正确扣 5 分/项；仪器仪表使用不正确扣 5 分/项	
	故障点的判断	10	通过检测，准确判断故障点的具体位置及原因	故障点判断不正确扣 5 分；故障原因说明不清晰扣 3~5 分	
	故障的恢复	10	按照规范流程完成故障点的排查及恢复	故障恢复流程不到位扣 3~10 分	
	结果输出	10	根据步骤和操作结果，写出任务操作报告	报告不完整扣 5~10 分	

6. 结果报告

记录故障处理过程如下：

故障现象描述	
故障原因分析	
故障排查过程	
故障排查结果	
任务总结	

试题 4 ADSL 故障——宽带上网速度慢故障

1. 任务描述

用户申报：用户使用 ADSL 宽带业务，上网速度很慢，试分析故障原因并使用正确的仪表进行排查。

2. 任务要求

(1) 根据用户申报，准备排障工具、仪器仪表及材料；

(2) 熟练使用各种工具及仪器仪表；

(3) 排障流程及方法正确；

(4) 有良好的职业规范；

(5) 有较高的安全操作意识。

3. 实施条件

项目	基本实施条件	备 注
场地	通信网络构架健全，室外线路及设备敷设与安装齐全有效，室内场景尽量与实际结合，分线设备距用户距离不超过 150 m。综合布线实训室一间，工位 10 个	必备
设备	局端 DSLM 设备等，室外一体化机柜或交接箱，上联光路的分光器箱 10 个，电脑 10 台，Modem 10 个，ONU 10 个，IPTV 机顶盒 10 个	必备
仪表	查线机、寻线仪、ADSL 测试仪等，红光仪、激光光源、PON 专用光功率计等	必备
工具	跳线枪、斜口钳、尖嘴钳、起子、楼梯、脚扣、综合布线工具包、光纤切割刀、米勒钳、酒精泵、人字梯等各 11 套	必备（已考虑备用）
材料	跳线、分离器、末端线缆(电话皮线、超五类线)、自承式皮线光缆 100 m、蝶形引入光缆 100 m，塑料线槽板 50 m、卡钉扣 10 盒、光纤终端盒(86 盒)12 个、光纤跳线 12 根(0.5 m)、橡胶封堵泥 1 袋、SC 快速连接头各 30 个(包括直通式和预埋式)、无纺布 10 袋、RJ11 水晶头 1 袋、RJ45 水晶头 1 袋	必备（已考虑备用）

4. 考核时间

考试时间：120 分钟。

5. 评价标准

评价内容		配分	考 核 点	扣 分	备 注
职业素养与操作规范（20分）		5	做好安装前的工作准备：画出布线路由简图，进行仪器仪表、工具、器件的清点，并摆放整齐，必须穿戴劳动防护用品和工作服	路由简图绘制不正确，仪器仪表、工具、器材不齐，未穿戴劳动防护用品和工作服扣 1 分/项	出现明显失误造成器材或仪表、设备损坏等安全事故；严重违反考场纪律，造成恶劣影响的，本大项记 0 分
		10	采用合理的方法，正确选择并使用工具、器材	工具选择和使用不正确扣 3 分/件	
		5	1. 具有良好的职业操守、做到安全文明生产，有环保意识 2. 保持操作场地的文明整洁 3. 任务完成后，整齐摆放工具及凳子、整理工作台面等并符合要求	工位整理不到位扣 2 分	
作品（80分）	故障现象描述	10	通过现场检测，正确描述故障现象	未进行现场检测，扣5分；故障现象描述不正确扣 5 分	
	故障现象分析	20	对故障现象进行全面分析，判断故障原因	故障现象分析不合理扣 5～10 分；故障原因判断不正确扣 5～10 分	
	仪器仪表的使用	20	正确选择所需仪器仪表，正确使用相关仪器仪表完成检测	仪器仪表选择不正确扣 5 分/项；仪器仪表使用不正确扣 5 分/项	
	故障点的判断	10	通过检测，准确判断故障点的具体位置及原因	故障点判断不正确扣5分；故障原因说明不清晰扣 3～5 分	
	故障的恢复	10	按照规范流程完成故障点的排查及恢复	故障恢复流程不到位扣 3～10 分	
	结果输出	10	根据步骤和操作结果，写出任务操作报告	报告不完整扣 5～10 分	

6. 结果报告

记录故障处理过程如下：

故障现象描述	
故障原因分析	
故障排查过程	
故障排查结果	
任务总结	

试题 5　ADSL 故障——电话没有拨号音故障

1. 任务描述

用户申报：用户使用 ADSL 业务承载电话，电话没有拨号音，试分析故障原因并使用正确的仪表进行排查。

2. 任务要求

(1) 根据用户申报，准备排障工具、仪器仪表及材料；

(2) 熟练使用各种工具及仪器仪表；

(3) 排障流程及方法正确；

(4) 有良好的职业规范；

(5) 有较高的安全操作意识。

3. 实施条件

项目	基本实施条件	备 注
场地	通信网络构架健全，室外线路及设备敷设与安装齐全有效，室内场景尽量与实际结合，分线设备距用户距离不超过 150 m。综合布线实训室一间，工位 10 个	必备
设备	局端 DSLM 设备等，室外一体化机柜或交接箱，上联光路的分光器箱 10 个，电脑 10 台，Modem 10 个，ONU 10 个，IPTV 机顶盒 10 个	必备
仪表	查线机、寻线仪、ADSL 测试仪等，红光仪、激光光源、PON 专用光功率计等	必备
工具	跳线枪、斜口钳、尖嘴钳、起子、楼梯、脚扣、综合布线工具包、光纤切割刀、米勒钳、酒精泵、人字梯等各 11 套	必备 (已考虑备用)
材料	跳线、分离器、末端线缆(电话皮线、超五类线)、自承式皮线光缆 100 m、蝶形引入光缆 100 m，塑料线槽板 50 m、卡钉扣 10 盒、光纤终端盒(86 盒)12 个、光纤跳线 12 根(0.5 m)、橡胶封堵泥 1 袋、SC 快速连接头各 30 个(包括直通式和预埋式)、无纺布 10 袋、RJ11 水晶头 1 袋、RJ45 水晶头 1 袋	必备 (已考虑备用)

4. 考核时间

考试时间：120 分钟。

5. 评价标准

评价内容		配分	考 核 点	扣 分	备 注
职业素养与操作规范（20分）		5	做好安装前的工作准备：画出布线路由简图，进行仪器仪表、工具、器件的清点，并摆放整齐，必须穿戴劳动防护用品和工作服	路由简图绘制不正确，仪器仪表、工具、器材不齐，未穿戴劳动防护用品和工作服扣 1 分/项	出现明显失误造成器材或仪表、设备损坏等安全事故；严重违反考场纪律，造成恶劣影响的，本大项记 0 分
		10	采用合理的方法，正确选择并使用工具、器材	工具选择和使用不正确扣 3 分/件	
		5	1. 具有良好的职业操守、做到安全文明生产，有环保意识 2. 保持操作场地的文明整洁 3. 任务完成后，整齐摆放工具及凳子、整理工作台面等并符合要求	工位整理不到位扣 2 分	
作品（80分）	故障现象描述	10	通过现场检测，正确描述故障现象	未进行现场检测，扣 5 分；故障现象描述不正确扣 5 分	
	故障现象分析	20	对故障现象进行全面分析，判断故障原因	故障现象分析不合理扣 5~10 分；故障原因判断不正确扣 5~10 分	
	仪器仪表的使用	20	正确选择所需仪器仪表，正确使用相关仪器仪表完成检测	仪器仪表选择不正确扣 5 分/项；仪器仪表使用不正确扣 5 分/项	
	故障点的判断	10	通过检测，准确判断故障点的具体位置及原因	故障点判断不正确扣 5 分；故障原因说明不清晰扣 3~5 分	
	故障的恢复	10	按照规范流程完成故障点的排查及恢复	故障恢复流程不到位扣 3~10 分	
	结果输出	10	根据步骤和操作结果，写出任务操作报告	报告不完整扣 5~10 分	

6. 结果报告

记录故障处理过程如下：

故障现象描述	
故障原因分析	
故障排查过程	
故障排查结果	
任务总结	

试题 6　ADSL 故障——宽带无法上网故障

1. 任务描述

用户申报：用户使用 ADSL 宽带业务，宽带无法上网，试分析故障原因并使用正确的仪表进行排查。

2. 任务要求

(1) 根据用户申报，准备排障工具、仪器仪表及材料；
(2) 熟练使用各种工具及仪器仪表；
(3) 排障流程及方法正确；
(4) 有良好的职业规范；
(5) 有较高的安全操作意识。

3. 实施条件

项目	基本实施条件	备　注
场地	通信网络构架健全，室外线路及设备敷设与安装齐全有效，室内场景尽量与实际结合，分线设备距用户距离不超过 150 m。综合布线实训室一间，工位 10 个	必备
设备	局端 DSLM 设备等，室外一体化机柜或交接箱，上联光路的分光器箱 10 个，电脑 10 台，Modem 10 个，ONU 10 个，IPTV 机顶盒 10 个	必备
仪表	查线机、寻线仪、ADSL 测试仪等，红光仪、激光光源、PON 专用光功率计等	必备
工具	跳线枪、斜口钳、尖嘴钳、起子、楼梯、脚扣、综合布线工具包、光纤切割刀、米勒钳、酒精泵、人字梯等各 11 套	必备 (已考虑备用)
材料	跳线、分离器、末端线缆(电话皮线、超五类线)、自承式皮线光缆 100 m、蝶形引入光缆 100 m、塑料线槽板 50 m、卡钉扣 10 盒、光纤终端盒(86 盒)12 个、光纤跳线 12 根(0.5 m)、橡胶封堵泥 1 袋、SC 快速连接头各 30 个(包括直通式和预埋式)、无纺布 10 袋、RJ11 水晶头 1 袋、RJ45 水晶头 1 袋	必备 (已考虑备用)

4．考核时间

考试时间：120分钟。

5．评价标准

评价内容		配分	考 核 点	扣 分	备 注
职业素养与操作规范（20分）		5	做好安装前的工作准备：画出布线路由简图，进行仪器仪表、工具、器件的清点，并摆放整齐，必须穿戴劳动防护用品和工作服	路由简图绘制不正确，仪器仪表、工具、器材不齐，未穿戴劳动防护用品和工作服扣1分/项	出现明显失误造成器材或仪表、设备损坏等安全事故；严重违反考场纪律，造成恶劣影响的，本大项记0分
		10	采用合理的方法，正确选择并使用工具、器材	工具选择和使用不正确扣3分/件	
		5	1．具有良好的职业操守、做到安全文明生产，有环保意识 2．保持操作场地的文明整洁 3．任务完成后，整齐摆放工具及凳子、整理工作台面等并符合要求	工位整理不到位扣2分	
作品（80分）	故障现象描述	10	通过现场检测，正确描述故障现象	未进行现场检测，扣5分；故障现象描述不正确扣5分	
	故障现象分析	20	对故障现象进行全面分析，判断故障原因	故障现象分析不合理扣5~10分；故障原因判断不正确扣5~10分	
	仪器仪表的使用	20	正确选择所需仪器仪表，正确使用相关仪器仪表完成检测	仪器仪表选择不正确扣5分/项；仪器仪表使用不正确扣5分/项	
	故障点的判断	10	通过检测，准确判断故障点的具体位置及原因	故障点判断不正确扣5分；故障原因说明不清晰扣3~5分	
	故障的恢复	10	按照规范流程完成故障点的排查及恢复	故障恢复流程不到位扣3~10分	
	结果输出	10	根据步骤和操作结果，写出任务操作报告	报告不完整扣5~10分	

6. 结果报告

记录故障处理过程如下：

故障现象描述	
故障原因分析	
故障排查过程	
故障排查结果	
任务总结	

试题7　FTTH故障——语音、宽带、IPTV都无法正常使用故障

1. 任务描述

用户申报：用户开通 FTTH 业务，语音、宽带、IPTV 都无法正常使用，试分析故障原因并使用正确的仪表进行排查。

2. 任务要求

(1) 根据用户申报，准备排障工具、仪器仪表及材料；

(2) 熟练使用各种工具及仪器仪表；

(3) 排障流程及方法正确；

(4) 有良好的职业规范；

(5) 有较高的安全操作意识。

3. 实施条件

项目	基本实施条件	备注
场地	通信网络构架健全，室外线路及设备敷设与安装齐全有效，室内场景尽量与实际结合，分线设备距用户距离不超过 150 m。综合布线实训室一间，工位 10 个	必备
设备	局端 DSLM 设备等，室外一体化机柜或交接箱，上联光路的分光器箱 10 个，电脑 10 台，Modem 10 个，ONU 10 个，IPTV 机顶盒 10 个	必备
仪表	查线机、寻线仪、ADSL 测试仪等，红光仪、激光光源、PON 专用光功率计等	必备
工具	跳线枪、斜口钳、尖嘴钳、起子、楼梯、脚扣、综合布线工具包、光纤切割刀、米勒钳、酒精泵、人字梯等各 11 套	必备 (已考虑备用)
材料	跳线、分离器、末端线缆(电话皮线、超五类线)、自承式皮线光缆 100 m、蝶形引入光缆 100 m，塑料线槽板 50 m、卡钉扣 10 盒、光纤终端盒(86 盒)12 个、光纤跳线 12 根(0.5 m)、橡胶封堵泥 1 袋、SC 快速连接头各 30 个(包括直通式和预埋式)、无纺布 10 袋、RJ11 水晶头 1 袋、RJ45 水晶头 1 袋	必备 (已考虑备用)

4. 考核时间

考试时间：120分钟。

5. 评价标准

评价内容		配分	考 核 点	扣 分	备 注
职业素养与操作规范 (20分)		5	做好安装前的工作准备：画出布线路由简图、仪器仪表、工具、器件的清点，并摆放整齐，必须穿戴劳动防护用品和工作服	路由简图绘制不正确，仪器仪表、工具、器材不齐，未穿戴劳动防护用品和工作服扣1分/项	出现明显失误造成器材或仪表、设备损坏等安全事故；严重违反考场纪律，造成恶劣影响的，本大项记0分
		10	采用合理的方法，正确选择并使用工具、器材	工具选择和使用不正确扣3分/件	
		5	1. 具有良好的职业操守、做到安全文明生产，有环保意识 2. 保持操作场地的文明整洁 3. 任务完成后，整齐摆放工具及凳子、整理工作台面等并符合要求	工位整理不到位扣2分	
作品 (80分)	故障现象描述	10	通过现场检测，正确描述故障现象	未进行现场检测，扣5分；故障现象描述不正确扣5分	
	故障现象分析	20	对故障现象进行全面分析，判断故障原因	故障现象分析不合理扣5~10分；故障原因判断不正确扣5~10分	
	仪器仪表的使用	20	正确选择所需仪器仪表，正确使用相关仪器仪表完成检测	仪器仪表选择不正确扣5分/项；仪器仪表使用不正确扣5分/项	
	故障点的判断	10	通过检测，准确判断故障点的具体位置及原因	故障点判断不正确扣5分；故障原因说明不清晰扣3~5分	
	故障的恢复	10	按照规范流程完成故障点的排查及恢复	故障恢复流程不到位扣3~10分	
	结果输出	10	根据步骤和操作结果，写出任务操作报告	报告不完整扣5~10分	

6. 结果报告

记录故障处理过程如下：

故障现象描述	
故障原因分析	
故障排查过程	
故障排查结果	
任务总结	

试题8　FTTH故障——纯语音故障

1. 任务描述

用户申报：用户开通 FTTH 业务，语音业务无法正常使用，宽带、IPTV 正常，试分析故障原因并使用正确的仪表进行排查。

2. 任务要求

(1) 根据用户申报，准备排障工具、仪器仪表及材料；

(2) 熟练使用各种工具及仪器仪表；

(3) 排障流程及方法正确；

(4) 有良好的职业规范；

(5) 有较高的安全操作意识。

3. 实施条件

项目	基本实施条件	备　注
场地	通信网络构架健全，室外线路及设备敷设与安装齐全有效，室内场景尽量与实际结合，分线设备距用户距离不超过 150 m。综合布线实训室一间，工位 10 个	必备
设备	局端 DSLM 设备等，室外一体化机柜或交接箱，上联光路的分光器箱 10 个，电脑 10 台，Modem 10 个，ONU 10 个，IPTV 机顶盒 10 个	必备
仪表	查线机、寻线仪、ADSL 测试仪等，红光仪、激光光源、PON 专用光功率计等	必备
工具	跳线枪、斜口钳、尖嘴钳、起子、楼梯、脚扣、综合布线工具包、光纤切割刀、米勒钳、酒精泵、人字梯等各 11 套	必备（已考虑备用）
材料	跳线、分离器、末端线缆(电话皮线、超五类线)、自承式皮线光缆 100 m、蝶形引入光缆 100 m，塑料线槽板 50 m、卡钉扣 10 盒、光纤终端盒(86 盒)12 个、光纤跳线 12 根(0.5 m)、橡胶封堵泥 1 袋、SC 快速连接头各 30 个(包括直通式和预埋式)、无纺布 10 袋、RJ11 水晶头 1 袋、RJ45 水晶头 1 袋	必备（已考虑备用）

4. 考核时间

考试时间：120 分钟。

5. 评价标准

评价内容		配分	考核点	扣 分	备 注
职业素养与操作规范 (20 分)		5	做好安装前的工作准备：画出布线路由简图，进行仪器仪表、工具、器件的清点，并摆放整齐，必须穿戴劳动防护用品和工作服	路由简图绘制不正确，仪器仪表、工具、器材不齐，未穿戴劳动防护用品和工作服扣 1 分/项	出现明显失误造成器材或仪表、设备损坏等安全事故； 严重违反考场纪律，造成恶劣影响的，本大项记 0 分
		10	采用合理的方法，正确选择并使用工具、器材	工具选择和使用不正确扣 3 分/件	
		5	1. 具有良好的职业操守、做到安全文明生产，有环保意识 2. 保持操作场地的文明整洁 3. 任务完成后，整齐摆放工具及凳子、整理工作台面等并符合要求	工位整理不到位扣 2 分	
作品 (80 分)	故障现象描述	10	通过现场检测，正确描述故障现象	未进行现场检测，扣 5 分；故障现象描述不正确扣 5 分	
	故障现象分析	20	对故障现象进行全面分析，判断故障原因	故障现象分析不合理扣 5～10 分；故障原因判断不正确扣 5～10 分	
	仪器仪表的使用	20	正确选择所需仪器仪表，正确使用相关仪器仪表完成检测	仪器仪表选择不正确扣 5 分/项；仪器仪表使用不正确扣 5 分/项	
	故障点的判断	10	通过检测，准确判断故障点的具体位置及原因	故障点判断不正确扣 5 分；故障原因说明不清晰扣 3～5 分	
	故障的恢复	10	按照规范流程完成故障点的排查及恢复	故障恢复流程不到位扣 3～10 分	
	结果输出	10	根据步骤和操作结果，写出任务操作报告	报告不完整扣 5～10 分	

6. 结果报告

记录故障处理过程如下：

故障现象描述	
故障原因分析	
故障排查过程	
故障排查结果	
任务总结	

试题 9　FTTH 故障——IPTV 白屏故障

1. 任务描述

用户申报：用户开通 FTTH 业务，语音、宽带都可以正常使用，但 IPTV 业务白屏，无法正常使用，试分析故障原因并使用正确的仪表进行排查。

2. 任务要求

(1) 根据用户申报，准备排障工具、仪器仪表及材料；

(2) 熟练使用各种工具及仪器仪表；

(3) 排障流程及方法正确；

(4) 有良好的职业规范；

(5) 有较高的安全操作意识。

3. 实施条件

项目	基本实施条件	备 注
场地	通信网络构架健全，室外线路及设备敷设与安装齐全有效，室内场景尽量与实际结合，分线设备距用户距离不超过 150 m。综合布线实训室一间，工位 10 个	必备
设备	局端 DSLM 设备等，室外一体化机柜或交接箱，上联光路的分光器箱 10 个，电脑 10 台，Modem 10 个，ONU 10 个，IPTV 机顶盒 10 个	必备
仪表	查线机、寻线仪、ADSL 测试仪等，红光仪、激光光源、PON 专用光功率计等	必备
工具	跳线枪、斜口钳、尖嘴钳、起子、楼梯、脚扣、综合布线工具包、光纤切割刀、米勒钳、酒精泵、人字梯等各 11 套	必备(已考虑备用)
材料	跳线、分离器、末端线缆(电话皮线、超五类线)、自承式皮线光缆 100 m、蝶形引入光缆 100 m，塑料线槽板 50 m、卡钉扣 10 盒、光纤终端盒(86 盒)12 个、光纤跳线 12 根(0.5 m)、橡胶封堵泥 1 袋、SC 快速连接头各 30 个(包括直通式和预埋式)、无纺布 10 袋、RJ11 水晶头 1 袋、RJ45 水晶头 1 袋	必备(已考虑备用)

4. 考核时间

考试时间：120 分钟。

5. 评价标准

评价内容		配分	考核点	扣　分	备　注
职业素养与操作规范(20分)		5	做好安装前的工作准备：画出布线路由简图、进行仪器仪表、工具、器件的清点，并摆放整齐，必须穿戴劳动防护用品和工作服	路由简图绘制不正确，仪器仪表、工具、器材不齐，未穿戴劳动防护用品和工作服扣 1 分/项	出现明显失误造成器材或仪表、设备损坏等安全事故；严重违反考场纪律，造成恶劣影响的，本大项记 0 分
		10	采用合理的方法，正确选择并使用工具、器材	工具选择和使用不正确扣 3 分/件	
		5	1. 具有良好的职业操守、做到安全文明生产，有环保意识　2. 保持操作场地的文明整洁　3. 任务完成后，整齐摆放工具及凳子、整理工作台面等并符合要求	工位整理不到位扣 2 分	
作品(80分)	故障现象描述	10	通过现场检测，正确描述故障现象	未进行现场检测，扣 5 分；故障现象描述不正确扣 5 分	
	故障现象分析	20	对故障现象进行全面分析，判断故障原因	故障现象分析不合理扣 5~10 分；故障原因判断不正确扣 5~10 分	
	仪器仪表的使用	20	正确选择所需仪器仪表，正确使用相关仪器仪表完成检测	仪器仪表选择不正确扣 5 分/项；仪器仪表使用不正确扣 5 分/项	
	故障点的判断	10	通过检测，准确判断故障点的具体位置及原因	故障点判断不正确扣 5 分；故障原因说明不清晰扣 3~5 分	
	故障的恢复	10	按照规范流程完成故障点的排查及恢复	故障恢复流程不到位扣 3~10 分	
	结果输出	10	根据步骤和操作结果，写出任务操作报告	报告不完整扣 5~10 分	

6. 结果报告

记录故障处理过程如下：

故障现象描述	
故障原因分析	
故障排查过程	
故障排查结果	
任务总结	

试题 10　FTTH 故障——IPTV 只能点播不能回看故障

1. 任务描述

用户申报：用户开通 FTTH 业务，语音、宽带都可以正常使用，但 IPTV 业务只能点播不能回看，试分析故障原因并使用正确的仪表进行排查。

2. 任务要求

(1) 根据用户申报，准备排障工具、仪器仪表及材料；

(2) 熟练使用各种工具及仪器仪表；

(3) 排障流程及方法正确；

(4) 有良好的职业规范；

(5) 有较高的安全操作意识。

3. 实施条件

项目	基本实施条件	备　注
场地	通信网络构架健全，室外线路及设备敷设与安装齐全有效，室内场景尽量与实际结合，分线设备距用户距离不超过 150 m。综合布线实训室一间，工位 10 个	必备
设备	局端 DSLM 设备等，室外一体化机柜或交接箱，上联光路的分光器箱 10 个，电脑 10 台，Modem 10 个，ONU 10 个，IPTV 机顶盒 10 个	必备
仪表	查线机、寻线仪、ADSL 测试仪等，红光仪、激光光源、PON 专用光功率计等	必备
工具	跳线枪、斜口钳、尖嘴钳、起子、楼梯、脚扣、综合布线工具包、光纤切割刀、米勒钳、酒精泵、人字梯等各 11 套	必备 (已考虑备用)
材料	跳线、分离器、末端线缆(电话皮线、超五类线)、自承式皮线光缆 100 m、蝶形引入光缆 100 m，塑料线槽板 50 m、卡钉扣 10 盒、光纤终端盒(86 盒)12 个、光纤跳线 12 根(0.5 m)、橡胶封堵泥 1 袋、SC 快速连接头各 30 个(包括直通式和预埋式)、无纺布 10 袋、RJ11 水晶头 1 袋、RJ45 水晶头 1 袋	必备 (已考虑备用)

4. 考核时间

考试时间：120 分钟。

5. 评价标准

评价内容		配分	考核点	扣　分	备　注
职业素养与操作规范 (20 分)		5	做好安装前的工作准备：画出布线路由简图、进行仪器仪表、工具、器件的清点，并摆放整齐，必须穿戴劳动防护用品和工作服	路由简图绘制不正确，仪器仪表、工具、器材不齐，未穿戴劳动防护用品和工作服扣 1 分/项	出现明显失误造成器材或仪表、设备损坏等安全事故；严重违反考场纪律，造成恶劣影响的，本大项记 0 分
		10	采用合理的方法，正确选择并使用工具、器材	工具选择和使用不正确扣 3 分/件	
		5	1. 具有良好的职业操守、做到安全文明生产，有环保意识 2. 保持操作场地的文明整洁 3. 任务完成后，整齐摆放工具及凳子、整理工作台面等并符合要求	工位整理不到位扣 2 分	
作品 (80 分)	故障现象描述	10	通过现场检测，正确描述故障现象	未进行现场检测，扣 5 分；故障现象描述不正确扣 5 分	
	故障现象分析	20	对故障现象进行全面分析，判断故障原因	故障现象分析不合理扣 5～10 分；故障原因判断不正确扣 5～10 分	
	仪器仪表的使用	20	正确选择所需仪器仪表，正确使用相关仪器仪表完成检测	仪器仪表选择不正确扣 5 分/项；仪器仪表使用不正确扣 5 分/项	
	故障点的判断	10	通过检测，准确判断故障点的具体位置及原因	故障点判断不正确扣 5 分；故障原因说明不清晰扣 3～5 分	
	故障的恢复	10	按照规范流程完成故障点的排查及恢复	故障恢复流程不到位扣 3～10 分	
	结果输出	10	根据步骤和操作结果，写出任务操作报告	报告不完整扣 5～10 分	

6. 结果报告

记录故障处理过程如下：

故障现象描述	
故障原因分析	
故障排查过程	
故障排查结果	
任务总结	

试题 11　FTTH 故障——IPTV 机顶盒音、视频故障

1. 任务描述

用户申报：用户开通 FTTH 业务，电话、宽带都可以正常使用，但机顶盒音、视频故障，试分析故障原因并使用正确的仪表进行排查。

2. 任务要求

(1) 根据用户申报，准备排障工具、仪器仪表及材料；

(2) 熟练使用各种工具及仪器仪表；

(3) 排障流程及方法正确；

(4) 有良好的职业规范；

(5) 有较高的安全操作意识。

3. 实施条件

项目	基本实施条件	备　注
场地	通信网络构架健全，室外线路及设备敷设与安装齐全有效，室内场景尽量与实际结合，分线设备距用户距离不超过 150 m。综合布线实训室一间，工位 10 个	必备
设备	局端 DSLM 设备等，室外一体化机柜或交接箱，上联光路的分光器箱 10 个，电脑 10 台，Modem 10 个，ONU 10 个，IPTV 机顶盒 10 个	必备
仪表	查线机、寻线仪、ADSL 测试仪等，红光仪、激光光源、PON 专用光功率计等	必备
工具	跳线枪、斜口钳、尖嘴钳、起子、楼梯、脚扣、综合布线工具包、光纤切割刀、米勒钳、酒精泵、人字梯等各 11 套	必备（已考虑备用）
材料	跳线、分离器、末端线缆(电话皮线、超五类线)、自承式皮线光缆 100 m、蝶形引入光缆 100 m，塑料线槽板 50 m，卡钉扣 10 盒、光纤终端盒(86 盒)12 个、光纤跳线 12 根(0.5 m)、橡胶封堵泥 1 袋、SC 快速连接头各 30 个(包括直通式和预埋式)、无纺布 10 袋、RJ11 水晶头 1 袋、RJ45 水晶头 1 袋	必备（已考虑备用）

4. 考核时间

考试时间：120 分钟。

5. 评价标准

评价内容		配分	考 核 点	扣 分	备 注
职业素养与 操作规范 (20 分)		5	做好安装前的工作准备：画出布线路由简图，进行仪器仪表、工具、器件的清点，并摆放整齐，必须穿戴劳动防护用品和工作服	路由简图绘制不正确，仪器仪表、工具、器材不齐，未穿戴劳动防护用品和工作服扣 1 分/项	出现明显失误造成器材或仪表、设备损坏等安全事故；严重违反考场纪律，造成恶劣影响的，本大项记 0 分
		10	采用合理的方法，正确选择并使用工具、器材	工具选择和使用不正确扣 3 分/件	
		5	1. 具有良好的职业操守、做到安全文明生产，有环保意识 2. 保持操作场地的文明整洁 3. 任务完成后，整齐摆放工具及凳子、整理工作台面等并符合要求	工位整理不到位扣 2 分	
作品 (80 分)	故障现象描述	10	通过现场检测，正确描述故障现象	未进行现场检测，扣 5 分；故障现象描述不正确扣 5 分	
	故障现象分析	20	对故障现象进行全面分析，判断故障原因	故障现象分析不合理扣 5~10 分；故障原因判断不正确扣 5~10 分	
	仪器仪表的使用	20	正确选择所需仪器仪表，正确使用相关仪器仪表完成检测	仪器仪表选择不正确扣 5 分/项；仪器仪表使用不正确扣 5 分/项	
	故障点的判断	10	通过检测，准确判断故障点的具体位置及原因	故障点判断不正确扣 5 分；故障原因说明不清晰扣 3~5 分	
	故障的恢复	10	按照规范流程完成故障点的排查及恢复	故障恢复流程不到位扣 3~10 分	
	结果输出	10	根据步骤和操作结果，写出任务操作报告	报告不完整扣 5~10 分	

6. 结果报告

记录故障处理过程如下：

故障现象描述	
故障原因分析	
故障排查过程	
故障排查结果	
任务总结	

试题 12　FTTH 故障——IPTV 频道卡

1. 任务描述

用户申报：用户开通 FTTH 业务，电话、宽带都可以正常使用，但 IPTV 频道卡，试分析故障原因并使用正确的仪表进行排查。

2. 任务要求

(1) 根据用户申报，准备排障工具、仪器仪表及材料；

(2) 熟练使用各种工具及仪器仪表；

(3) 排障流程及方法正确；

(4) 有良好的职业规范；

(5) 有较高的安全操作意识。

3. 实施条件

项目	基本实施条件	备　注
场地	通信网络构架健全，室外线路及设备敷设与安装齐全有效，室内场景尽量与实际结合，分线设备距用户距离不超过 150 m。综合布线实训室一间，工位 10 个	必备
设备	局端 DSLM 设备等，室外一体化机柜或交接箱，上联光路的分光器箱 10 个，电脑 10 台，Modem 10 个，ONU 10 个，IPTV 机顶盒 10 个	必备
仪表	查线机、寻线仪、ADSL 测试仪等，红光仪、激光光源、PON 专用光功率计等	必备
工具	跳线枪、斜口钳、尖嘴钳、起子、楼梯、脚扣、综合布线工具包、光纤切割刀、米勒钳、酒精泵、人字梯等各 11 套	必备（已考虑备用）
材料	跳线、分离器、末端线缆(电话皮线、超五类线)、自承式皮线光缆 100 m、蝶形引入光缆 100 m，塑料线槽板 50 m、卡钉扣 10 盒、光纤终端盒(86 盒)12 个、光纤跳线 12 根(0.5 m)、橡胶封堵泥 1 袋、SC 快速连接头各 30 个(包括直通式和预埋式)、无纺布 10 袋、RJ11 水晶头 1 袋、RJ45 水晶头 1 袋	必备（已考虑备用）

4. 考核时间

考试时间：120 分钟。

5. 评价标准

评价内容		配分	考核点	扣　分	备　注
职业素养与操作规范(20分)		5	做好安装前的工作准备：画出布线路由简图，进行仪器仪表、工具、器件的清点，并摆放整齐，必须穿戴劳动防护用品和工作服	路由简图绘制不正确，仪器仪表、工具、器材不齐，未穿戴劳动防护用品和工作服扣 1 分/项	出现明显失误造成器材或仪表、设备损坏等安全事故；严重违反考场纪律，造成恶劣影响的，本大项记 0 分
		10	采用合理的方法，正确选择并使用工具、器材	工具选择和使用不正确扣 3 分/件	
		5	1. 具有良好的职业操守、做到安全文明生产，有环保意识 2. 保持操作场地的文明整洁 3. 任务完成后，整齐摆放工具及凳子、整理工作台面等并符合要求	工位整理不到位扣 2 分	
作品(80分)	故障现象描述	10	通过现场检测，正确描述故障现象	未进行现场检测，扣 5 分；故障现象描述不正确扣 5 分	
	故障现象分析	20	对故障现象进行全面分析，判断故障原因	故障现象分析不合理扣 5~10 分；故障原因判断不正确扣 5~10 分	
	仪器仪表的使用	20	正确选择所需仪器仪表，正确使用相关仪器仪表完成检测	仪器仪表选择不正确扣 5 分/项；仪器仪表使用不正确扣 5 分/项	
	故障点的判断	10	通过检测，准确判断故障点的具体位置及原因	故障点判断不正确扣 5 分；故障原因说明不清晰扣 3~5 分	
	故障的恢复	10	按照规范流程完成故障点的排查及恢复	故障恢复流程不到位扣 3~10 分	
	结果输出	10	根据步骤和操作结果，写出任务操作报告	报告不完整扣 5~10 分	

6. 结果报告

记录故障处理过程如下：

故障现象描述	
故障原因分析	
故障排查过程	
故障排查结果	
任务总结	

试题13 FTTH故障——无法连接宽带网络

1. 任务描述

用户申报：用户开通 FTTH 业务，电话、IPTV 都可以正常使用，但无法连接宽带网络，试分析故障原因并使用正确的仪表进行排查。

2. 任务要求

(1) 根据用户申报，准备排障工具、仪器仪表及材料；

(2) 熟练使用各种工具及仪器仪表；

(3) 排障流程及方法正确；

(4) 有良好的职业规范；

(5) 有较高的安全操作意识。

3. 实施条件

项目	基本实施条件	备 注
场地	通信网络构架健全，室外线路及设备敷设与安装齐全有效，室内场景尽量与实际结合，分线设备距用户距离不超过 150 m。综合布线实训室一间，工位 10 个	必备
设备	局端 DSLM 设备等，室外一体化机柜或交接箱，上联光路的分光器箱 10 个，电脑 10 台，Modem 10 个，ONU 10 个，IPTV 机顶盒 10 个	必备
仪表	查线机、寻线仪、ADSL 测试仪等，红光仪、激光光源、PON 专用光功率计等	必备
工具	跳线枪、斜口钳、尖嘴钳、起子、楼梯、脚扣、综合布线工具包、光纤切割刀、米勒钳、酒精泵、人字梯等各 11 套	必备 (已考虑备用)
材料	跳线、分离器、末端线缆(电话皮线、超五类线)、自承式皮线光缆 100 m、蝶形引入光缆 100 m、塑料线槽板 50 m、卡钉扣 10 盒、光纤终端盒(86 盒)12 个、光纤跳线 12 根(0.5 m)、橡胶封堵泥 1 袋、SC 快速连接头各 30 个(包括直通式和预埋式)、无纺布 10 袋、RJ11 水晶头 1 袋、RJ45 水晶头 1 袋	必备 (已考虑备用)
测评专家	考评员 5 名，要求具有通信行业特有工种考评员资格	必备

4. 考核时间

考试时间：120 分钟。

5. 评价标准

评价内容	配分	考核点	扣分	备注
职业素养与操作规范 (20分)	5	做好安装前的工作准备：画出布线路由简图，进行仪器仪表、工具、器件的清点，并摆放整齐，必须穿戴劳动防护用品和工作服	路由简图绘制不正确，仪器仪表、工具、器材不齐，未穿戴劳动防护用品和工作服扣1分/项	出现明显失误造成器材或仪表、设备损坏等安全事故； 严重违反考场纪律，造成恶劣影响的，本大项记0分
	10	采用合理的方法，正确选择并使用工具、器材	工具选择和使用不正确扣3分/件	
	5	1. 具有良好的职业操守，做到安全文明生产，有环保意识 2. 保持操作场地的文明整洁 3. 任务完成后，整齐摆放工具及凳子、整理工作台面等并符合要求	工位整理不到位扣2分	
作品 (80分)	故障现象描述	10	通过现场检测，正确描述故障现象	未进行现场检测，扣5分；故障现象描述不正确扣5分	
	故障现象分析	20	对故障现象进行全面分析，判断故障原因	故障现象分析不合理扣5~10分；故障原因判断不正确扣5~10分	
	仪器仪表的使用	20	正确选择所需仪器仪表，正确使用相关仪器仪表完成检测	仪器仪表选择不正确扣5分/项；仪器仪表使用不正确扣5分/项	
	故障点的判断	10	通过检测，准确判断故障点的具体位置及原因	故障点判断不正确扣5分；故障原因说明不清晰扣3~5分	
	故障的恢复	10	按照规范流程完成故障点的排查及恢复	故障恢复流程不到位扣3~10分	
	结果输出	10	根据步骤和操作结果，写出任务操作报告	报告不完整扣5~10分	

6. 结果报告

记录故障处理过程如下：

故障现象描述	
故障原因分析	
故障排查过程	
故障排查结果	
任务总结	

试题 14 FTTH 故障——IPTV 出现马赛克、画面停顿、抖动故障

1. 任务描述

用户申报：用户开通 FTTH 业务，电话、宽带都可以正常使用，但 IPTV 出现马赛克、画面停顿、抖动故障，试分析故障原因并使用正确的仪表进行排查。

2. 任务要求

(1) 根据用户申报，准备排障工具、仪器仪表及材料；

(2) 熟练使用各种工具及仪器仪表；

(3) 排障流程及方法正确；

(4) 有良好的职业规范；

(5) 有较高的安全操作意识。

3. 实施条件

项目	基本实施条件	备 注
场地	通信网络构架健全，室外线路及设备敷设与安装齐全有效，室内场景尽量与实际结合，分线设备距用户距离不超过 150 m。综合布线实训室一间，工位 10 个	必备
设备	局端 DSLM 设备等，室外一体化机柜或交接箱，上联光路的分光器箱 10 个，电脑 10 台，Modem 10 个，ONU 10 个，IPTV 机顶盒 10 个	必备
仪表	查线机、寻线仪、ADSL 测试仪等，红光仪、激光光源、PON 专用光功率计等	必备
工具	跳线枪、斜口钳、尖嘴钳、起子、楼梯、脚扣、综合布线工具包、光纤切割刀、米勒钳、酒精泵、人字梯等各 11 套	必备(已考虑备用)
材料	跳线、分离器、末端线缆(电话皮线、超五类线)、自承式皮线光缆 100 m、蝶形引入光缆 100 m，塑料线槽板 50 m、卡钉扣 10 盒、光纤终端盒(86 盒)12 个、光纤跳线 12 根(0.5 m)、SC 快速连接头各 30 个(包括直通式和预埋式)、无纺布 10 袋、RJ11 水晶头 1 袋、RJ45 水晶头 1 袋	必备(已考虑备用)

4. 考核时间

考试时间：120 分钟。

5. 评价标准

评价内容		配分	考 核 点	扣 分	备 注
职业素养与操作规范 (20分)		5	做好安装前的工作准备：画出布线路由简图，进行仪器仪表、工具、器件的清点，并摆放整齐，必须穿戴劳动防护用品和工作服	路由简图绘制不正确，仪器仪表、工具、器材不齐，未穿戴劳动防护用品和工作服扣 1 分/项	出现明显失误造成器材或仪表、设备损坏等安全事故； 严重违反考场纪律，造成恶劣影响的，本大项记 0 分
		10	采用合理的方法，正确选择并使用工具、器材	工具选择和使用不正确扣 3 分/件	
		5	1. 具有良好的职业操守、做到安全文明生产，有环保意识 2. 保持操作场地的文明整洁 3. 任务完成后，整齐摆放工具及凳子、整理工作台面等并符合要求	工位整理不到位扣 2 分	
作品 (80分)	故障现象描述	10	通过现场检测，正确描述故障现象	未进行现场检测扣 5 分；故障现象描述不正确扣 5 分	
	故障现象分析	20	对故障现象进行全面分析，判断故障原因	故障现象分析不合理扣 5~10 分；故障原因判断不正确扣 5~10 分	
	仪器仪表的使用	20	正确选择所需仪器仪表，正确使用相关仪器仪表完成检测	仪器仪表选择不正确扣 5 分/项；仪器仪表使用不正确扣 5 分/项	
	故障点的判断	10	通过检测，准确判断故障点的具体位置及原因	故障点判断不正确扣 5 分；故障原因说明不清晰扣 3~5 分	
	故障的恢复	10	按照规范流程完成故障点的排查及恢复	故障恢复流程不到位扣 3~10 分	
	结果输出	10	根据步骤和操作结果，写出任务操作报告	报告不完整扣 5~10 分	

6. 结果报告

记录故障处理过程如下：

故障现象描述	
故障原因分析	
故障排查过程	
故障排查结果	
任务总结	

试题 15 ADSL 故障——宽带报错误代码 678 故障

1. 任务描述

用户申报：用户开通 ADSL 业务，宽带报错误代码 678 故障，试分析故障原因并使用正确的仪表进行排查。

2. 任务要求

(1) 根据用户申报，准备排障工具、仪器仪表及材料；

(2) 熟练使用各种工具及仪器仪表；

(3) 排障流程及方法正确；

(4) 有良好的职业规范；

(5) 有较高的安全操作意识。

3. 实施条件

项目	基本实施条件	备 注
场地	通信网络构架健全，室外线路及设备敷设与安装齐全有效，室内场景尽量与实际结合，分线设备距用户距离不超过 150 m。综合布线实训室一间，工位 10 个	必备
设备	局端 DSLM 设备等，室外一体化机柜或交接箱，上联光路的分光器箱 10 个，电脑 10 台，Modem 10 个，ONU 10 个，IPTV 机顶盒 10 个	必备
仪表	查线机、寻线仪、ADSL 测试仪等，红光仪、激光光源、PON 专用光功率计等	必备
工具	跳线枪、斜口钳、尖嘴钳、起子、楼梯、脚扣、综合布线工具包、光纤切割刀、米勒钳、酒精泵、人字梯等各 11 套	必备 (已考虑备用)
材料	跳线、分离器、末端线缆(电话皮线、超五类线)、自承式皮线光缆 100 m、蝶形引入光缆 100 m，塑料线槽板 50 m、卡钉扣 10 盒、光纤终端盒(86 盒)12 个、光纤跳线 12 根(0.5 m)、橡胶封堵泥 1 袋、SC 快速连接头各 30 个(包括直通式和预埋式)、无纺布 10 袋、RJ11 水晶头 1 袋、RJ45 水晶头 1 袋	必备 (已考虑备用)

4. 考核时间

考试时间：120 分钟。

5. 评价标准

评价内容		配分	考 核 点	扣 分	备 注
职业素养与操作规范 (20分)		5	做好安装前的工作准备：画出布线路由简图，进行仪器仪表、工具、器件的清点，并摆放整齐，必须穿戴劳动防护用品和工作服	路由简图绘制不正确，仪器仪表、工具、器材不齐，未穿戴劳动防护用品和工作服扣 1 分/项	出现明显失误造成器材或仪表、设备损坏等安全事故；严重违反考场纪律，造成恶劣影响的，本大项记 0 分
		10	采用合理的方法，正确选择并使用工具、器材	工具选择和使用不正确扣 3 分/件	
		5	1. 具有良好的职业操守、做到安全文明生产，有环保意识 2. 保持操作场地的文明整洁 3. 任务完成后，整齐摆放工具及凳子、整理工作台面等并符合要求	工位整理不到位扣 2 分	
作品 (80分)	故障现象描述	10	通过现场检测，正确描述故障现象	未进行现场检测，扣 5 分；故障现象描述不正确扣 5 分	
	故障现象分析	20	对故障现象进行全面分析，判断故障原因	故障现象分析不合理扣 5～10 分；故障原因判断不正确扣 5～10 分	
	仪器仪表的使用	20	正确选择所需仪器仪表，正确使用相关仪器仪表完成检测	仪器仪表选择不正确扣 5 分/项；仪器仪表使用不正确扣 5 分/项	
	故障点的判断	10	通过检测，准确判断故障点的具体位置及原因	故障点判断不正确扣 5 分；故障原因说明不清晰扣 3～5 分	
	故障的恢复	10	按照规范流程完成故障点的排查及恢复	故障恢复流程不到位扣 3～10 分	
	结果输出	10	根据步骤和操作结果，写出任务操作报告	报告不完整扣 5～10 分	

6. 结果报告

记录故障处理过程如下：

故障现象描述	
故障原因分析	
故障排查过程	
故障排查结果	
任务总结	

参 考 文 献

[1] 李立高，等. 通信线路工程. 西安：西安电子科技大学出版社，2008.

[2] 李立高，等. 宽带通信末端装维教程. 北京：北京邮电大学出版社，2012.

[3] 通信行业职业技能鉴定指导中心. 线务员宽带终端安装与维护. 北京：北京邮电大学出版社，2008.

[4] 中国电信接入网维护及装维技能竞赛教材编写小组. 客户端装维服务岗位技能认证教材.

[5] 中国电信接入型业务客户端装维操作规范.

[6] 中国电信光接入网工程建设服务人员资格认证考试培训教材.